生物安全实验室设计与建设

曹国庆 唐江山 王 栋 王 荣 等编著

U0202550

中国建筑工业出版社

图书在版编目（CIP）数据

生物安全实验室设计与建设/曹国庆等编著. —北
京：中国建筑工业出版社，2019.3（2022.9重印）
ISBN 978-7-112-23200-0

Ⅰ．①生⋯　Ⅱ．①曹⋯　Ⅲ．①生物工程-实验
室-设计②生物工程-实验室-建设　Ⅳ.①Q81-33

中国版本图书馆 CIP 数据核字（2019）第 011331 号

责任编辑：张文胜
责任设计：李志立
责任校对：芦欣甜

生物安全实验室设计与建设

曹国庆　唐江山　王　栋　王　荣　等编著

*

中国建筑工业出版社出版、发行（北京海淀三里河路 9 号）
各地新华书店、建筑书店经销
霸州市顺浩图文科技发展有限公司制版
北京建筑工业印刷厂印刷

*

开本：787×1092 毫米　1/16　印张：13½　字数：331 千字
2019 年 4 月第一版　2022 年 9 月第五次印刷
定价：**53.00** 元
ISBN 978-7-112-23200-0
（33283）

编审委员会

主　审　吴东来　翟培军　祁建城　张彦国

主　编　曹国庆　唐江山　王　栋　王　荣

副主编　周永运　李晓斌　梁　磊　刘志坚　党　宇

编　者（以姓氏笔画为序）

卜云婷　王衍海　王燕芹　代　青　冯　昕　冯靖涵

刘波波　孙百明　严向炜　严春炎　李　屹　李正武

郝国霞　肖　阳　吴新洲　张　利　张　惠　张元宏

张兆军　张宗兴　张珂智　张岊东　陈　咏　陈方圆

陈荣花　邵西铭　周　权　周　琦　赵　辉　赵国辉

侯雪新　袁艺荣　高　鹏　曹　振　曹冠朋　崔　磊

蒋晋生　谭　鹏

序

　　在日益全球化的今天，随着交通工具的便利、人类活动范围的加大，各种烈性传染病的传播变得越来越容易，危害也越来越严重，生物安全实验室是从事病原微生物实验研究的场所。由于我国生物安全实验室建设起步较晚，尤其是高级别生物安全实验室的建设相对比较薄弱，为了提高我国疫病防控能力，亟待加强生物安全实验室的建设。

　　20世纪90年代末我国开始关注高级别生物安全实验室的建设，从照搬国外标准到2004年我国第一部生物安全规范颁布，我国生物安全实验室建设脱离初创阶段，进入了规范发展期。十余年来我国有一批高级别生物安全实验室相继建成并投入使用，标志着我国高级别生物安全实验室建设进入了成熟期，这十余年也是我国高级别生物安全实验室建设及认可标准大讨论、大发展的阶段。尽管我国高级别生物安全实验室的建设取得长足进步，但就其数量而言与发达国家还有很大的差距，还需要不断完善我国高级别生物安全实验室网络，加快国内生物安全实验室的建设。随着建设技术越来越成熟，我国高级别生物安全实验室的建设也将迎来爆发式增长期。

　　中国建筑科学研究院建筑环境与节能研究院在生物安全实验室设计和建设方面有着多年的研究积累，具有丰富的科研、设计、建设、检测、产品研发等方面的经验和成果。主编了《生物安全实验室建筑技术规范》GB 50346、《实验动物设施建筑技术规范》GB 50447等多部国家标准；出版了《生物安全实验室与生物安全柜》、《生物安全实验室关键防护设备性能现场检测与评价》等多部专著；获得生物安全柜排风无泄漏密封结构、排风过滤器现场在线验证系统等多项发明专利；发表了50余篇有关生物安全实验室设计、检测与运维方面的学术论文；完成了中国疾病预防控制中心昌平园区一期工程、国家兽医微生物中心等多项高级别生物安全实验室设计，并且走向国际；完成了众多高级别生物安全实验室设施设备的检验工作。

　　本书主编曹国庆研究员长期从事生物安全实验室、医学实验室、科研实验室、医疗洁净用房、室内污染控制等领域科研标准、设计咨询、检测验收及产品研发方面的工作，是一位理论研究与实践践行相结合的科研工作者，主编出版了《生物安全实验室关键防护设备性能现场检测与评价》、《生物安全实验室设施设备风险评估技术指南》等系列专著，发表生物安全实验室相关论文20余篇，广受实验室领域各界人士的好评。

　　本书基于中国建筑科学研究院在生物安全实验室设施设备领域几十年的研究成果，系统地介绍了生物安全实验室设计与建设过程中涉及的建筑规划、结构、装修、通风空调、给水排水、气体供应、电气自控等专业内容，为生物安全实验室的设计与建设提供了参考和帮助。

　　感谢本书所有编审委员会成员的辛苦付出，愿我国生物安全事业稳步健康发展！

徐伟

2018 年 12 月

前　　言

各类疫情的陆续暴发使我们认识到生物安全实验室在烈性传染病防控研究方面的重要意义，2004 年我国先后颁布了《实验室生物安全通用要求》GB 19489—2004，《生物安全实验室建筑技术规范》GB 50346—2004 和《病原微生物实验室生物安全管理条例》（国务院第 424 号令），使我国生物安全实验室的建设和管理走上了规范化和法制化轨道。随后的十余年时间，国内一批高级别生物安全实验室相继建成并投入使用。

生物安全实验室建筑不同于普通建筑，其建设是一项复杂的系统工程，要综合考虑实验室总体规划、工艺流程、建筑结构、装饰装修、通风空调、给水排水、电气自控、安全消防、环境保护等基础设施和基本条件，安全、高效、舒适、节能、环保是生物安全实验室建设的理想要素。在欧美等发达国家，生物安全实验室的设计建设、运行维护、管理评价等相对较为成熟，而我国在这方面起步较晚，很多经验仍需摸索积累。生物安全实验室的设计策划应熟悉实验室工作流程、实验室仪器设备、生物安全等相关专业知识，同时还应具备实验室工程设计与建筑的基本知识，即使是非常有经验的甲级建筑设计院，面对生物安全实验室建筑时，往往因为缺乏生物安全实验室设计的专业人才而需要寻求帮助。

正是基于以上原因，我们决定编写一本生物安全实验室建设领域的参考书籍，《生物安全实验室设计与建设》应运而生。本书是基于现行国家标准《生物安全实验室建筑技术规范》GB 50346、《实验室　生物安全通用要求》GB 19489 而出版的专业书籍，我国生物安全实验室标准规范有些内容借鉴了国外标准的要求，充分体现了适用性、可操作性和先进性。

自古就有"诗无达诂"一说，对国内外生物安全实验室建设规范的解读，谁也不敢说自己是"标准答案"。在本书编写的过程中，我们查阅文献、请教专家，并结合自身大量设计、建设和检测验收经验，力争做到内容既严谨又浅易。但是我们的宗旨不是编著权威的学术著作，而是用心做好一本有关生物安全实验室设计和建设的启蒙读物，让更多读者了解生物安全实验室。所以，对于一些可能存在争议的地方（如某标准规范条文），我们只按照自己认可的观点来解读，如果您对某个观点有不同的理解，也是不足为怪的，求同存异即可。若通过这本书能为生物安全实验室使用者、设计者、建设者及有志于从事生物安全实验室设计与建设行业的人员提供一些有益的指导与帮助，我们觉得就没白辛苦这些日子。

本书的出版得到了中国建筑科学研究院主持的"十三五"国家重点研发计划项目"室内微生物污染源头识别监测和综合控制技术"（编号：2017YFC0702800）的资助，同时也得到了国内生物安全实验室领域权威专家的大力支持，在此一并表示衷心感谢。

本书旨在为生物安全实验室设计人员、施工人员、检测人员和运维人员提供参考和帮助，也可供各级各类生物安全实验室管理人员、检验人员和教学人员参考。由于编写时间匆忙，成稿仓促，书中难免有疏漏和谬误之处，希望广大同仁在使用过程中提出宝贵意见。

编　者

2018 年 12 月

目　　录

第 1 章　走进生物安全实验室

1.1　生物安全与生物安保

目前，全球生物安全形势呈现影响国际化、危害极端化、发展复杂化的特点。联合国《禁止生物武器公约》有令难行，生物武器研发屡禁不止，生物战的威胁仍然存在；病原体跨物种感染、跨地域传播，造成新发突发传染病不断出现；由自然灾害、人为因素造成的突发公共卫生事件层出不穷；环境污染、外来物种入侵等造成严重生态环境破坏，基因资源流失现象时有发生。这些均成为世界各国共同面对的重大生物安全问题。

我国作为当今世界快速发展的新兴经济体，处于世界复杂格局的中心、大国博弈的漩涡，面临多种生物威胁。一些国家或组织利用病原体实施生物威胁的风险不断增加，成为国家安全面临的重大挑战。重大新发突发传染病疫情、食源性疾病、动物疫病增加等问题，严重危害人民健康。基因组学、合成生物技术应用，以及生物实验室泄漏事故，存在着潜在风险。外来物种入侵造成物种灭绝速度加快、遗传多样性丧失、生态环境破坏趋势不断加剧。

生物安全与国家核心利益密切相关，是国家安全的重要组成部分，越来越受到各国政府的高度重视，许多国家把生物安全纳入国家战略。美国先后制订了生物盾牌计划、生物监测计划和生物传感计划，在生物反恐和疫情处置中发挥重要作用。

我国高度关注生物安全问题，提出要加快发展生物安全技术，构建先进国家安全和公共安全体系，有效防范对人民生活和生态环境的生物威胁。目前，各级疾病预防控制中心、动物疫病预防控制中心、科研院所等逐步建立了病原微生物生物安全实验室科技支撑平台，初步构建了生物威胁防御体系，在非典型肺炎、高致病性 H5N1 禽流感等重大传染病疫情防控中发挥重要作用，但与发达国家先进的生物安全管理经验相比，仍需积累经验。

1.2　生物安全实验室

生物安全实验室是从事病原微生物实验活动的场所。在日益全球化的今天，随着交通工具的便利、人类活动范围的加大，各种烈性传染病的传播变得越来越容易，危害也越来越严重。2003 年 SARS 的肆虐，曾给我国造成了重大损失，近几年在非洲爆发的"埃博拉"疫情，也很快在欧美出现病例。如何抵御这类威胁？必须构筑一道坚固的防线，生物安全实验室是这道防线的重要组成部分。在安全的实验室内对高风险的病原微生物进行检验、研究，可确保实验人员和外部环境的安全。

20世纪50、60年代，美国出现了最早的生物安全实验室，随后苏联、英国、法国、德国、日本、澳大利亚、瑞典、加拿大等国家也相继建造了不同级别的生物安全实验室，我国生物安全实验室建设起步较晚。各类疫情的陆续暴发使我国认识到了生物安全实验室在烈性传染病防控研究方面的重要意义，2004年我国先后颁布了《实验室生物安全通用要求》GB 19489—2004，《生物安全实验室建筑技术规范》GB 50346—2004和《病原微生物实验室生物安全管理条例》（国务院第424号令），使我国生物安全实验室的建设和管理走上了规范化和法制化轨道。随后的十余年时间，国内一批高级别（三级及以上）生物安全实验室相继建成并投入使用，截至2017年7月，共有70余家生物安全实验室获得认可，其中50余家高等级（三级及以上）实验室，20余家二级实验室。

作为国家安全体系中的重要组成部分，生物安全在军事、社会、科技、生态等方面发挥着重要作用，涉及的当前热点问题包括重大传染病疫情的防控、生物防恐、转基因研究等，越来越受到各部门的广泛重视。

随着新型病毒菌种的不断出现、生物科技的飞速发展、生物反恐形势的日益严峻，高级别生物安全实验室会持续发挥关键作用。对于我国，一方面高级别实验室建设还有很大发展空间，另一方面必须认识到，生物安全实验室是一把双刃剑，如果在建设和使用过程中出现问题，反而可能造成生物风险，这就要求从实践出发，从安全出发，不断学习，参考其他国家的经验和建设理念，总结经验教训，顺应国家发展需求，稳步、高效地推进我国高级别生物安全实验室建设，为维护国家安全提供有力保障。

1.3　生物安全实验室分级分类

按照实验室处理的有害生物因子的风险，国际上将生物安全实验室分为四级，一级风险最低，四级最高，把三、四级生物安全实验室定义为高级别生物安全实验室。生物安全实验室一般分为细胞研究实验室和感染动物实验研究实验室，国际上通常分别用BSL和ABSL表示细胞研究实验室、感染动物实验动物研究实验室的生物安全水平，高级别生物安全实验室通常表示为BSL-3、ABSL-3、BSL-4和ABSL-4。

《生物安全实验室建筑技术规范》GB 50346—2011第3.1.2条指出：根据实验室所处理对象的生物危害程度和采取的防护措施，生物安全实验室分为四级。微生物生物安全实验室可采用BSL-1、BSL-2、BSL-3、BSL-4表示相应级别的实验室；动物生物安全实验室可采用ABSL-1、ABSL-2、ABSL-3、ABSL-4表示相应级别的实验室。生物安全实验室应按表1.3-1进行分级。

生物安全实验室的分级　　　　　　　　　　　　表1.3-1

分级	生物危害程度	操作对象
一级	低个体危害，低群体危害	对人体、动植物或环境危害较低，不具有对健康成人、动植物致病的致病因子
二级	中等个体危害，有限群体危害	对人体、动植物或环境具有中等危害或具有潜在危险的致病因子，对健康成人、动物和环境不会造成严重危害。有有效的预防和治疗措施

续表

分级	生物危害程度	操 作 对 象
三级	高个体危害,低群体危害	对人体、动植物或环境具有高度危害性,通过直接接触或气溶胶使人传染上严重的甚至是致命的疾病,或对动植物和环境具有高度危害的致病因子。通常有预防和治疗措施
四级	高个体危害,高群体危害	对人体、动植物或环境具有高度危害性,通过气溶胶途径传播或传播途径不明,或未知的、高度危险的致病因子。没有预防和治疗措施

《生物安全实验室建筑技术规范》GB 50346—2011 第3.2.1条指出：生物安全实验室根据所操作致病性生物因子的传播途径可分为a类和b类。a类指操作非经空气传播生物因子的实验室；b类指操作经空气传播生物因子的实验室。b1类生物安全实验室指可有效利用安全隔离装置进行操作的实验室；b2类生物安全实验室指不能有效利用安全隔离装置进行操作的实验室。

《实验室生物安全通用要求》GB 50346—2011 第4.4条根据实验活动的差异、采用的个体防护装备和基础隔离设施的不同,给出了生物安全实验的分类,如表1.3-2所示。

生物安全实验室的分类　　　　　　　　　　　　　　　　表1.3-2

条文号	类 别 描 述
4.4.1	操作通常认为非经空气传播致病性生物因子的实验室
4.4.2	可有效利用安全隔离装置(如:生物安全柜)操作常规量经空气传播致病性生物因子的实验室
4.4.3	不能有效利用安全隔离装置操作常规量经空气传播致病性生物因子的实验室
4.4.4	利用具有生命支持系统的正压服操作常规量经空气传播致病性生物因子的实验室

高级别生物安全实验室的建设越来越受到各个国家的重视,只有具备这样的硬件设施,才有可能进行高致病生物因子的研究,才能具备防范、控制重大疫情传播的能力。生物安全实验室的建设水平,代表一个国家在生物、疾控、医疗、动物疫控等领域的发展水平,关系到国家安全。

四级生物安全实验室是国际上防护等级最高的实验室,在我国相关标准中规定,四级实验室适用于操作能引起人类或者动物非常严重疾病的微生物,以及我国尚未发现或者已经宣布消灭的微生物。由于国情不同,不同国家对高级别实验室内操作的致病生物因子分类并不相同,例如一些在某个国家较多存在的生物因子,由于在另外一个国家已经绝迹,会被另一个国家列为最高防范级别。

根据病原微生物的风险评估和防护屏障,四级实验室通常分为安全柜型实验室（cabinet laboratory）和正压服型实验室（suit laboratory）两种。安全柜型四级实验室设置Ⅲ级生物安全柜,通常按照不同功能串联成序列（cabinet lines）,所有的有害因子操作都在完全封闭的Ⅲ级生物安全柜中进行,实验人员不需要穿正压防护服,不需要设置生命支持系统。由于一些有害因子无法完全封闭在生物安全设备中,比如进行大型动物实验,需要建设正压服型四级实验室,进入实验室的操作人员必须穿着由生命支持系统供气的全身式正压防护服,整个核心工作间相当于一个封闭的Ⅲ级生物安全柜；同时,需要设置生命支持系统和化学淋浴系统,这种实验室建设复杂,成本高。

国际上安全柜型的四级实验室因为建设简单、成本低，因此应用较多。近些年随着技术的发展，正压服四级实验室建设逐渐增多，比如我国新建设的几个四级实验室都采用正压服型。另外，前几年曾经出现过混合型四级实验室的提法，即同时采用Ⅲ级生物安全柜和正压防护服，这其实是过度冗余的安全考虑，实验人员穿着正压防护服后手很难再插入Ⅲ级生物安全柜的手套中，即使能塞进去也无法进行实验操作，因此未闻实际应用。

1.4　国际上高级别生物安全实验室建设

对于三级生物安全实验室，由于应用广、数量多，涉及部门众多，无法统计出实际数量。2011年，在美国CDC及代理机构注册的三级实验室，从2004年的415个增加到1495个，增长很快。四级实验室则数量有限，目前有能力建设的通常是发达国家，其数量尚可粗略估计。曾经，四级实验室由于涉及军事和国家安全等原因，在一些国家被列为保密范畴，并不对外公布，但随着政务不断公开，一些高级别实验室的建设才为公众所知。

国际上已经公布的四级实验室约有50个，建设最多的是美国，约有12个；其次是英国，约有9个；此外，德国5个，法国3个，澳大利亚3个，瑞士3个，印度3个，日本2个；阿根廷、俄罗斯、加拿大、加蓬（法国援建）、捷克、南非、瑞典、匈牙利、荷兰、奥地利。我国大陆已建成1个四级实验室，位于中国科学院武汉病毒所；我国台湾也有1个四级实验室。

四级生物安全实验室是大国重器，其规划、建设和管理，属于国家战略，而且涉及多学科、多部门，所以必须由国家级政府机构协调沟通。美国的一些经验可供参考，美国一直把生物安全问题置于国家战略高度，对于高级别生物安全实验室，在美国涉及8个部门15个机构：国防部DOD（下属空军、陆军和海军3个机构）、卫生与公众服务部HHS（下属疾病控制和预防中心CDC、食品和药物管理局FDA、国家卫生研究院NIH）、能源部DOE（下属国家核安全局和科学办公室）、国土安全部DHS、内政部DOI（下属鱼和野生动物管理局、美国地质调查局）、退伍军人事务部VA（下属退伍军人卫生署）、农业部USDA（下属动植物卫生检验局APHIS、农业研究局、食品安全检验局）、环境保护署EPA（下属农药项目办公室）。这些机构必须协作交流，才能实现高级别实验室统一、有效的规划和监督管理。文献［2］中标示出了美国在建和计划建设的高级别生物安全实验室，可以粗略了解美国高级别实验室的规划建设情况。

美国的生物安全发展经历了几个阶段：2001～2003年，经历了"9.11"事件后，美国把生物防御（BIODEFENSE）作为重点，用以应对可能发生的生物恐怖事件；2003～2014年，随着SARS等新发传染病的出现，美国拓展了生物防御范围，防御重点包括生物恐怖袭击和新发传染病，高级别实验室和管理体系的建设得到发展；2015年左右，美国已初步形成了比较完善的管理框架，于是生物安全的重点扩大到了健康安全（HEALTHSECURITY），这个健康安全框架包括多方面的内容：生物防御、辐射与核安全、化学安全、流感与新发传染病、多重威胁应对和设施能力建设等。最近，美国正在进一步建立完善其健康安全体系，其中已把生物防御问题改为生物安全，其生物安全的重点由最初的生物防御转变为社会民生领域的健康安全。

在美国及各国高级别生物安全实验室不断兴建的同时，其安全问题也引起各方的关注，高级别生物安全实验室建设的必要性和安全性受到质疑，认为其数量和规模应得到有效监管和控制。

1.5　我国高级别生物安全实验室建设

1.5.1　建设管理

我国高等级生物安全实验室建设主要涉及如下几个主管部门：国家发展和改革委员会和科技部负责项目的规划、立项和审批，环保部门负责项目环评，国家卫生健康委员会和农业农村部是业务主管部门，住房和城乡建设部制定建设和验收标准，中国合格评定国家认可委员会负责生物安全实验室的认证认可管理。图 1.5.1 给出了国务院各部门在实验室建设管理中的主要职责，在活动资格授权和活动安全监督环节，2017 年 9 月国务院发布《国务院关于取消一批行政许可事项的决定》，国家卫生健康委员会和农业农村部由"行政审批"改为"备案管理"（陈洁君，2018）。

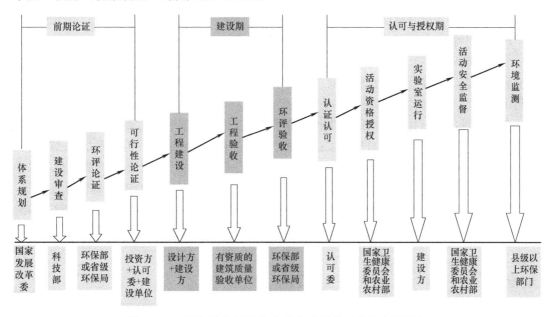

图 1.5.1　国务院各部门在实验室建设管理中的主要职责

我国国家发展改革委、科技部于 2016 年 11 月联合印发了《高级别生物安全实验室体系建设规划（2016—2025）》（以下简称《规划》），《规划》明确了高级别生物安全实验室体系建设规划的重要性，总结了已经取得的建设成果，也总结了实验室建设、管理方面的不足，提出了近些年我国高等级生物安全实验室建设的发展目标："到 2025 年，形成布局合理、网络运行的高级别生物安全实验室国家体系。一是建成我国高级别生物安全实验室体系。按照区域分布、功能齐备、特色突出的原则，形成 5～7 个四级实验室建设布局。在充分利用现有三级实验室的基础上，新建一批三级实验室（含移动三级实验室），实现每个省份至少设有一个三级实验室的目标。以四级实验室和公益性三级实验室为主要组成部分，吸纳其他非公益性三级实验室和生物安全防护设施，建成国家高级别生物安全实验室体系。二是管理运维、技术发展、标准制定、评价认证以及应用指导能力显著提高。三是国际科技合作水平显著改善。"《规划》中列出了高等级实验室建设的具体的重点任务，包括四级实验室的建设规划和三级实验室的监管、运行要求。

原农业部于 2017 年 8 月 31 日发布了《兽用疫苗生产企业生物安全三级防护标准》（中华人民共和国农业部公告第 2573 号），对兽用疫苗生产检验生物安全防护条件应达到兽用疫苗生产企业生物安全三级防护要求的生产车间、检验用动物房、质检室、污物处理、活毒废水处理设施以及防护措施等提出了生物安全三级防护要求。

1.5.2　发展现状

我国的高级别生物安全实验室建设历经十余年，从几乎一片空白，到今天已经初具规模和体系。作为生物安全保障最重要的硬件设施，生物安全实验室的建设已经取得了前所未有的发展。截至 2017 年 7 月，共有 70 余家生物安全实验室获得认可，其中 50 余家高等级（三级及以上）实验室，20 余家二级实验室。50 余家通过认可的高等级生物安全实验室，疾控中心系统约有 30 个，科研机构或院校约有 10 个，出入境检验检疫系统也有一些。从地域上看分布很不均匀，分布在 16 个省市中，大部分集中在东部、南部地区，仅有 5 个在中部省份，4 个在西部省份，有些省份尚未建成。最集中的北京有 18 个；其次在上海、广东、武汉等地，也较为集中。如前文所述，美国 2011 年注册的三级实验室已达到 1495 个，我国的实验室建设和管理工作还有很长的路要走。

总的来看，目前我国在高级别生物安全实验室工程设计、建设方面，可以完全依靠国内技术力量，实现国产化，虽然与发达国家在细节上存在一定差距，但技术指标已经达到国际和国内各种标准的要求。目前的短板是在一些生物安全设备上，国产产品的技术水平和可靠性还需进一步提高。比如生物安全柜、独立通风笼具（IVC）和动物饲养笼架等，虽然已经可以生产，但仍需进一步提高质量；一些大型设备，比如符合生物安全需要的大型灭菌设备、动物尸体处理设备、污水处理设备等，目前尚处于试制研发阶段。

本章参考文献

[1]　贺福初、高福锁. 生物安全：国防战略制高点 [N]. 求是，2014-01-02.

[2]　张彦国. 国内外高级别生物安全实验室标准和建设概况 [J]. 暖通空调，2018，48（1）：2-6.

[3]　中国合格评定国家认可中心. 实验室生物安全通用要求. GB 19489—2008 [S]. 北京：中国标准出版社，2008.

[4]　中国建筑科学研究院. 生物安全实验室建筑技术规范. GB 50346—2011 [S]. 北京：中国建筑工业出版社，2012.

［5］ ALISON K H，BENJAMIN R，FRAN S，et al. Biosecurity challenges of the global expansion of high containment biological laboratories ［M］. The National Academies Press，2012.

［6］ Government Accountability Office. High-containment laboratories comprehensive and up-to-date policies and stronger oversight needed：GAO-16-566T ［R］. Government Accountability Office，2016：1-4.

［7］ 陈洁君. 中国高等级病原微生物实验室建设发展历程 ［J］. 中华实验和临床病毒学杂志，2018，32（1）：9-11.

第 2 章　微生物气溶胶隔离控制

2.1　微生物气溶胶的基本特性

2.1.1　定义和分类

气溶胶（aerosol）是固态或液态微粒悬浮在气体介质中的分散体系。在胶体体系中，微粒物质称为分散相，分散介质称为连续相。分散相和连续相均有三态（固、液、气），从而构成多种形式的胶体体系（见表 2.1.1-1）。通常，胶体中的微粒直径均在 $2000\mu m$ 以下，而气溶胶的粒子直径则在 $0.001\sim100\mu m$ 之间。

胶体体系　　　　　　　　　　　　　　　表 2.1.1-1

介质	微　粒		
	气体	液体	固体
气体	混合气体	雾(气溶胶)	烟、尘(气溶胶)
液体	泡沫	乳液	悬液、溶液
固体	多孔物质	水晶石	矿物、合金

当气溶胶分散相微粒为微生物时，就构成了微生物气溶胶（microbiological aerosol）。微生物气溶胶主要包括病毒性气溶胶、细菌气溶胶、真菌气溶胶以及孢子气溶胶等。这些微生物污染物随气流被人体吸入后，将引发各种疾病或反应。

对环境中微生物气溶胶粒子的大小进行测定的研究人员很多，得出的结果各异。有的测定结果表明空气中带菌粒子很小，大多为 $1\sim5\mu m$。有的则认为空气中带菌粒子很大，大多为 $18\mu m$ 以上。但最有权威，也是大家公认的是伦敦的公共卫生中心实验室 Noble 1963 年测定的结果。测定的粒谱范围比较宽，有的大于 $18\mu m$，$18\sim10\mu m$，$10\sim4\mu m$，小于 $4\mu m$ 不等。

表 2.1.1-2 和表 2.1.1-3 中检验的结果表明：（1）空气中的微生物大多附着在灰尘粒子上。（2）空气中与疾病有关的带菌粒子直径一般为 $4\sim20\mu m$ 的粒子。（3）来自人体的微生物主要是附着在 $12\sim15\mu m$ 的灰尘粒子上。（4）许多真菌以单个孢子的形式存在于空气中。

微生物气溶胶种类繁多分布十分广泛，其浓度的变异范围比较大，如表 2.1.1-4 所示。

气溶胶细菌　　　　　　　　　　　　　表 2.1.1-2

细菌种类	采样地点	环境状况	菌落计数	气溶胶粒子等效中值直径(μm)	内四分位数范围(μm)
总菌落数(37℃)生长	办公室	低度通风	＞15000	7.7	4～11
	办公室	通风良好	＞8000	10.0	5～15
	医院病房	中度活动	＞50000	12.8	7～18
	医院病房	相当量的活动	＞30000	13.0	8～18
	手术室	空房	＞30000	12.3	7～18
口腔链球菌总数	办公室	低度通风	＞800	10.0	4～16
	办公室	通风良好	＞300	12.4	6～18
唾液链球菌	办公室	低度通风	＞500	11.0	4～18
	办公室	通风良好	89	14.4	7～(22)
乙型溶血链球菌	办公室	低度通风	29	11.4	8～15
	办公室	通风良好	22	12.5	8.5～16.5
肠球菌	办公室	低度通风	83	11.0	6～16
	办公室	通风良好	50	10.8	4～17
金黄色葡萄球菌	医院病房	轻-中度活动	＞6000	13.3	8～18
	医院病房	铺床干扰	＞7000	14.8	10～(19)
	医院病房	铺床	＞2000	15.7	11～(20)
芽孢杆菌	医院病房	中度活动	＞300	(3.0)	(?)～8
韦氏梭菌	外界空气	潮湿天气	186	11.0	5.5～16.5
	外界空气	干燥天气	＞500	17.2	10～(24)
	医院病房	中度活动	299	11.4	4～18
		(潮湿天气)			

注：内四分位数范围是指上 25% 与下 25% 之间的颗粒直径范围。根据外推法估计的直径＜4μm 和＞18μm
者不计在内。括号中表示粒径的上限。办公室的样本取自几个月时间内不同的房间。医院的样本取自
不同的医院。表中"?"表示不清楚。

气溶胶真菌　　　　　　　　　　　　　表 2.1.1-3

真菌种类	采样地点和活动情况	菌落计数	芽孢或单细胞直径(μm)	气溶胶粒子的等效中值直径(μm)	内四分位数范围(μm)
烟曲霉	医院病房:中度活动量	＞100000	2.5～3.5	3.0	3～3
青霉属	医院病房:中度活动量	＞750	2.5～4.5	3.1	2～4
拟青霉属	医院病房:中度活动量	150	(2.5～3)×6	3.4	6～22
红酵母属	医院病房:中度活动量	＞4000	(3～5)×(4～7)	3.8	3.3～4.2
	临床,刮屑和皮肤检查	118	(3～5)×(4～7)	18	11～(26)
曲霉	医院病房:中度活动量	159	2.5～4	4.3	(2)～8

真菌种类	采样地点和活动情况	菌落计数	芽孢或单细胞直径(μm)	气溶胶粒子的等效中值直径(μm)	内四分位数范围(μm)
枝孢	医院病房：中度活动量	＞2500	(2～6)×(3～20)	4.9	(3～7)
黑曲霉	医院病房：中度活动量	123	2.5～10	5.5	(3)～9
共头霉	医院病房：中度活动量	240	(2.5～5)	6.6	4～10
根霉属	医院病房：中度活动量	45	3×(6～9)	6.8	4～10
白色念珠菌	医院病房：中度活动量	67	(3～6)×(3～12)	13	5～(21)
	临床,刮屑和皮肤检查	＞1000	(3～6)×(3～12)	(22)	18～(27)

注：在7次独立的评价中，估计的中值直径为$1.8～4.1\mu m$。

空气中各种微生物粒子径和本底浓度　　　　　　　　表 2.1.1-4

微生物	粒径(μm)	浓度（个/m^3）
病毒	0.015～0.045	—
细菌	0.3～15	0.5～100
真菌	3～100	100～10000
藻类	0.5	10～1000
孢子	6～60	0～100000
花粉	1～100	0～1000

2.1.2　微生物气溶胶的特性

微生物气溶胶从形成到造成人体的感染是由它的特性决定的，其特性包括来源的多相性、种类的多样性、活力的易变形、播散的三维性、沉积的再生性以及感染的广泛性。

2.1.2.1　来源的多相性

土壤（固体）不仅是微生物最巨大的繁殖场所，也是庞大的贮存体及发生源。每克土壤可含100亿以上的菌，一阵风起，可将土壤中无数微生物送入大气，它所到之处空气中的微生物数量都会大增。即使是病房的地面，微生物的数量也比墙表面多许多倍。它也是空调中微生物的重要来源。

水体（液体）也是微生物气溶胶重要来源。不论是天然的雨、雪、露水，还是人为的自来水、洗刷水等各种各样的污水，都有无数的微生物，在一定能量作用下，也可散发到环境和空气中。空调中的冷凝水，还是造成空气传染病的祸首。美国发现的军团菌就是通过它传播的。

大气（气体）是微生物气溶胶又一重要来源。它时刻与洁净空间的空气进行着微生物的交换。

生物体特别是人体，不仅是微生物极大的贮存体、繁殖体，也是巨大的散发源。据测，每人每分钟即使在静止状态下也可向空气散发 500～1500 个菌。活动时散发的微生物就更多了。每次咳嗽或者打喷嚏可排放达 10^4～10^6 个带菌粒子。

其次是动物，家庭居家所圈养的大量宠物通过便、尿、液体向空气散发的微生物亦不计其数。接触过病原体的各种昆虫所散发出来的微生物气溶胶会更多。

另外，家庭为了美化环境所种植的植物本身的表面存在多种微生物，当其腐烂则可产生更多的微生物。据报道"农民肺"就是由腐烂的枯草产生的真菌所引起的"霉肺"。住院的重病肝炎等病人亦有因环境引起霉肺的报道，更有枯草芽孢杆菌及其芽孢引起的过敏性疾病枯草热的报道。

总之，室内微生物气溶胶的来源很多，它们相互之间可以进行交换，再释放于空气中，这样使得问题更加复杂。

2.1.2.2　种类的多样性

大气中的自然微生物主要是非病原性的腐生菌，各种球菌占 66％，芽孢菌占 25％，还有霉菌、放线菌、病毒、蕨类孢子、花粉、微球藻类、原虫及少量厌氧芽孢菌。作为病人所在的场所，空气中除了有大气自然微生物外，还有以下特有的各种病原体：

（1）细菌类：结核杆菌、肺炎双球菌、绿脓杆菌、肠杆菌、沙门菌、葡萄球菌、硝酸盐阴杆菌等约 160 种。

（2）真菌类：球孢子菌、组织胞浆菌、隐球酵母（隐球菌）、假丝酵母（念珠菌）、北美芽生菌、曲霉和青霉、毛霉等约 600 多种。

（3）病毒类：鼻病毒、腺病毒、麻疹、流感、水痘、风疹病毒、柯萨奇病毒等，几百种。

（4）其他：支原体、衣原体、立克次体等。

除了专性厌氧菌的繁殖体外，所有其他微生物都可在一定条件下形成气溶胶，悬浮于空气中。微生物有几十万种，由它所形成的气溶胶种类自然不会少。

2.1.2.3　活力的易变性

微生物气溶胶的活性从它形成的那一瞬间开始就处在不稳定的状态，其存活率随时间的推移而降低。

t 时的微生物气溶胶存活率（％）为：

$$K = \frac{N_t}{N_0} \times 100\%　\qquad (2.1.2.3)$$

式中　N_0——瞬时（0 时刻）的活微生物气溶胶总浓度，

　　　N_t——t 时间后活体微生物气溶胶总浓度，

　　　K——微生物气溶胶存活率。

影响微生物气溶胶存活的因素很多，主要有微生物的种类、气溶胶化前的悬浮基质、采样技术及在气溶胶老化过程中遇到的环境影响，如气温、相对湿度、大气中的气体、照射等。

描述微生物气溶胶活力不稳定的另一个概念是衰减。微生物气溶胶的衰减包括：（1）物理衰减，为微粒自身从连续相中脱离出来的衰减；（2）生物衰减，系微生物自身的死亡。微生物气溶胶的总衰减便是物理衰减和生物衰减的总和。衰减程度，即气溶胶的稳定性，通常以平均每分钟衰减百分率（分钟衰减率，Minute Decay Rate，MDR）表示，并由其引出物理衰减率、生物衰减率和总衰减率。若已知平均分钟衰减率，即可计算出某一时间以后气溶胶的存留率或衰减率，以供对其进行危害评价。

1. 物理衰减

气溶胶的稳定性依赖于自身所固有的物理特性，并与环境因素密切相关。在室外，天气稳定度、温度、湿度、风速和地形地物对气溶胶稳定性影响很大。在室内，空气相对静止条件下，物理衰减主要依赖于重力沉降的作用，其次是扩散作用（见表 2.1.2.3-1）。一般致病微生物很少能达到足以产生室外空气传播的程度，除非存在一严重的感染源，如屠宰场不断产生贝式柯克体气溶胶。

在静态空气中气溶胶粒子衰减因素 表 2.1.2.3-1

影响沉降作用因素	影响扩散作用因素
粒子特性：	粒子特性：
大小	大小及粒谱
密度	带电
形状	形状
凝并:粒子性质	环境温度
粒子浓度	空气黏度及摩擦系数
吸湿:粒子性质	
温度	
湿度	
空气黏度及密度	

气溶胶粒子的沉降取决于粒子重力和介质阻力。当粒子重力与介质阻力相等时，粒子终末沉降速度变为恒值，即粒子以匀速沉降。此时，粒子沉降终末速度 $v_s = (2/9) \times (r^2 \rho g / \eta) = 1.20 \times 10^6 Pr^2$，式中 r 为粒子半径，P 为粒子密度，g 为重力加速度，η 为空气黏度（常温下空气黏度为 1.9×10^{-4}），这就是著名的 Stokes 公式。用此公式可以对 $1 \sim 100 \mu m$ 气溶胶粒子的沉降速度进行计算。Stokes 对此方程的建立还有一些理论上的假设条件。根据上述公式计算，可得不同直径粒子的沉降速度（见表 2.1.2.3-2）。如果已知房间高度，由此可求出粒子降落到地面的时间。对于非球形粒子，在要求不很精确时，也可用 Stokes 公式计算，误差不大。

球形粒子沉降末速度 表 2.1.2.3-2

粒子直径(μm)	沉降末速度(cm/s)	粒子直径(μm)	沉降末速度(cm/s)
50	7.5×10^6	4	5.0×10^{-2}
40	4.8×10^6	2	1.3×10^{-2}
20	1.2×10^2	1	3.5×10^{-3}
10	2.9×10^{-1}	0.6	1.4×10^{-3}
6	1.1×10^{-1}		

此外，粒子大小是影响沉降速度的主要参数，粒子可因凝并和吸湿增大，而使沉降更

趋迅速。例如，由呼吸道传染病人喷出的飞沫，在常温、常湿下有很大一部分由于水分的蒸发很快变成 $2 \sim 3 \mu m$ 的飞沫核（droplet nuclei），而较长时间漂浮于空气中。如果这些飞沫核处于高湿条件下，则很快又会重新吸收水分，粒径变大而迅速沉降。

2. 生物衰减

根据国外多年研究，空气中的微生物如果不能回到有利于其生活和繁殖的环境中，迟早是要死亡的。空气中微生物的衰亡过程可能有如下情况，即可按下列顺序分级：

（1）病原体远在能够测出明显变化之前可能先失去毒力和感染力。

（2）早期，细菌可能失去使其噬菌体繁殖的能力。

（3）细菌恢复到利于其生长的环境时，可能产生生长类型的变异（小菌落类型）。

（4）在细菌尚能呼吸和代谢时，可能失去其生长、繁殖能力。它能繁殖必然是活的，不能生长繁殖却不足说明它已经死亡，因为很可能没有提供适宜的条件。

（5）致敏力（抗原性）的丧失，可能延迟到生长、代谢终止以后很久才发生。致敏力丧失标志蛋白分子强烈的变化。

在实际工作中，研究者们使用"存活力"（viability）这一概念来表示微生物气溶胶的稳定性（stability）。

单位容积中微生物气溶胶浓度包括两个方面：一是单位容积中的粒子数，一是单位容积中微生物的总数。粒子数减少是属于物理衰减，微生物数减少属于生物衰亡。

2.1.2.4 播散的三维性

微生物气溶胶一旦发散后，就按它固有的三维空间播散规律运行。

气溶胶的扩散很复杂，影响因素又很多，但在医院的小环境内，主要受气流影响，其次是重力、静电、布朗运动及各种动量等，使房间内的污染不断和周围空气混合，并向上下左右前后三维空间运行，播散到邻近科室及一切空气可达到的环境。不同洁净室之间以及生物安全室要用负压，防止有害微生物气溶胶向四周扩散。

2.1.2.5 沉积的再生性

微生物气溶胶沉积在物体表面的粒子，由于风吹、清扫、振动及各种机械作用，都可使它再扬起，产生再生气溶胶。

再生气溶胶的扩散系数为 $3.5 \times 10^{-3} / m^2$。在一个相对稳定的室内，只要微生物粒子保持活性，这种沉积→悬浮→再沉积→再悬浮的播散运动就不会停止。除非气溶胶中的微生物粒子与室外交换或失去活性。因此微生物气溶胶的传播与物表的接触传播有时是统一的，也是无法分开的。过高地强调接触传播而低估了微生物气溶胶的传播作用，或只强调严格洗手，不注意空气消毒，都是不当之举。且不知空气消毒不彻底，微生物气溶胶粒子沉积到身上、手上，再通过接触易感部位同样也可以发生感染。微生物气溶胶的再生性更促使它感染的广泛性。

2.1.2.6 感染的广泛性

微生物气溶胶可以通过黏膜、皮肤损伤、消化道及呼吸道侵入机体，但主要是通过呼吸道感染机体。人类一刻也离不开空气，呼吸道的易感性、人类接触微生物气溶胶的密切性与频繁性都决定着感染的广泛性。

2.1.3 微生物气溶胶对人体的危害

2.1.3.1 微生物气溶胶引起的传染性疾病

传染性疾病是由致病菌引起的，致病菌通常包括细菌、病毒，甚至真菌如烟曲霉。病原体通过气溶胶可在人与人、人与环境之间传播。比如粟粒性结核菌通过空气在人与人之间传播，它能够通过打喷嚏或咳嗽进入到空气中，形成凝结核悬浮在里面。大部分由细菌和病毒引起的呼吸道传染病都是在人体之间进行的，可以通过接触被感染的病人或者吸入被病人污染的气溶胶液滴而被传染。在病人打喷嚏、咳嗽和说话时，气溶胶液滴从人的口、鼻中释放出来，对于大部分足够大的气溶胶液滴，可以在 1m 以内沉降到地面上；而小的液滴迅速被干燥，并收缩形成凝结核，凝结核的直径很小（0.5～5μm 之间），可以在空气中悬浮很长时间。凝结核对人的危害极大，因为它可以被吸入肺的深部。当气溶胶液滴中有足够剂量的传染性微生物时，就可以感染易感人群。

军团病是由军团菌引起的呼吸系统疾病，是一种非典型性肺炎。军团菌可在空调系统的冷却塔中及各种水系统中生长。军团病死亡率达 20% 以上，据估计每年死亡人数超过 4000 人。军团菌在冷却塔中气溶胶化，并进入空气中，因为在空气中可形成凝结核，容易被人体吸入而受感染。

2.1.3.2 微生物气溶胶引起的非传染性疾病

与微生物污染有关的非传染性疾病主要是由微生物代谢的副产物引起而不是微生物本身，其包括过敏、免疫和中毒反应。过敏特指在易感人群体内形成免疫球蛋白 E（Immune globulin E，Ig E）抗体。只有一部分人暴露在一定量的过敏原中才引起过敏反应，一旦抗体形成，就会变得敏感，当再次暴露时会引起免疫反应而出现过敏症状。过敏性疾病与室内空气品质有关，像过敏性鼻炎、过敏性哮喘、支气管肺部曲霉菌病，它们都能够影响到下呼吸道和肺泡。哮喘主要对尘螨、霉菌和动物皮屑敏感。哮喘是美国最主要的慢性病之一，据统计，美国哮喘和鼻炎的爆发率高达总人口的 20%，根据美国疾病控制中心（Centers for Disease Control，CDC）的报告，1980～1994 年，哮喘的爆发率增长了 75%，其中，增长最大的是 0～14 岁的儿童，办公室职员的哮喘人数也增加了一倍。

2.1.3.3 微生物气溶胶引起的非过敏性免疫反应

非过敏性免疫反应是由于反复暴露在污染物中而引发的其他抗体或细胞的免疫反应，表现特征为具有流感症状，如过敏性肺炎、农夫肺和加湿热，只有一部分人在暴露后有此症状。过敏性肺炎（Hypersensitivity Pneumonitis，HP）是一个经常被述及的由于室内空气引起的对人体健康的危害，它与很多微生物有关，特别是嗜热型放线菌，可在加湿器和空调系统中生长。从对病人的了解中知道，当病人离开了那些被污染的环境时，症状就会减轻。

2.1.3.4　微生物气溶胶引起的其他危害

与微生物有关的其他对人体有害的污染物质目前也越来越受到人们的重视。如内毒素是普遍存在于 G-细菌的细胞结构中的一种重要的微生物空气污染物，可引起广泛的生物效应。在家庭和办公环境中都会有内毒素气溶胶。吸入内毒素气溶胶可引起易感人群发热、抑郁、咳嗽、胸闷和呼吸困难。内毒素对免疫系统的影响严重时可影响到白细胞的数量。真菌毒素是由真菌产生的，可引起呼吸道刺激，能够介入肺部巨噬细胞，提高肺癌的发病率。很多真菌也能制造挥发性有机物（MVOC），它能引起发霉和腐味，也是呼吸道的刺激物，并且被证明是引发 SBS 的因素之一。

真菌通过气溶胶真菌孢子代谢副产物等危害人的健康，包括过敏反应、敏感性肺炎、真菌毒素中毒和病原性疾病。最常见的能引起哮喘和鼻炎的菌属包括交链孢属（Alternaria）、曲霉属（Aspergillus）、芽枝孢霉属（Cladosporium）、青霉属（Penicillium）。有些属是病原性菌，可以感染肺部、耳朵和眼睛。真菌代谢的气体包括挥发性有机物（Volatile Organic Compounds，VOC），可以产生潮湿的气味，这些 VOC 能引起 SBS，症状包括眼、鼻、喉刺激，头痛、头晕等。真菌孢子和植物状菌丝体含有有毒物质（真菌毒素），可导致呼吸道疾病。

2.1.4　微生物气溶胶与实验室感染

国外资料对近 4000 例实验室相关感染（Laboratory Associated Infection）统计分析表明，实验室相关感染主要发生在微生物研究实验室、临床诊断实验室和动物实验室。其中，感染原因较明确（如针刺、鼠咬、食入等）的实验室感染只占全部感染的 18%，原因不明的实验室感染却高达 82%。后来在长期操作实践中得知，在这些不明原因的实验室感染中，大多数是因为在操作病原微生物时产生了感染性气溶胶（infectious aerosol），并在实验室内扩散，工作人员和有关人员吸入后，发生了空气传播感染（airborne infection）。微生物实验室科学家曾用空气微生物采样器测定了一些实验室操作中产生微生物气溶胶颗粒的大小，结果发现：搅拌粉碎机产生的气溶胶颗粒中，粒径<5μm 的占 98%以上、冻干培养物产生的气溶胶颗粒中粒径>5μm 的占 80%，其他操作如收取鸡胚培养液、用吸管吹吸毒液、混均、离心悬液、超声波粉碎感染材料、打碎菌液瓶等所产生的微生物气溶胶颗粒，其平均粒子直径都小于 5μm。

2.1.4.1　实验室产生气溶胶的分类

（1）液滴核（Droplet Nuclei）气溶胶。这种气溶胶的产生主要是由于外力作用在含有微生物的液体（如液本标本、培养液等），形成的颗粒进入空气。较大的颗粒很快沉积在各种物体表面形成了含有微生物的尘埃。较小的颗粒水分很快蒸发形成液滴核，是很小的颗粒（2～4μm），分散漂浮在空气中，它们漂浮时间长，传播面积广，分散距离长。

（2）干粉气溶胶。由于外力作用于干燥的培养物或尘埃粒子，悬浮于空气中形成粉尘气溶胶（Dust Aerosol）。其中包括微生物干燥过程的污染和再生气溶胶。经过现代技术加工微生物干粉可能导致生成含水量很低、粒子大小适中、分散度强、易被吸收的干粉气溶胶，造成人体感染。

2.1.4.2 影响实验室气溶胶感染的因素

影响气溶胶感染的因素有微生物本身的感染力、致病性、毒力、存活力，以及气溶胶的浓度、粒子大小、粒子特性以及工作人员防护设备和实验室内环境条件等。

研究发现，粒径在 $50\sim100\mu m$ 的液滴，能很快沉降在各种物体表面上，如果沉降在伤口或黏膜表面上，感染的可能性最大。粒径在 $10\sim50\mu m$ 的飞沫，可以在空气中扩散，但不易被吸入呼吸道，最终也沉降在各种物体表面上。气溶胶粒子在呼吸器官的沉积分布也与粒子粒径有关。$1\sim5\mu m$ 的粒子可直接进入肺泡，$6\sim10\mu m$ 的粒子易沉着于小支气管。$10\sim30\mu m$ 的粒子会沉积在支气管内，大于 $30\mu m$ 的粒子则沉着于气管内，再大一点的则沉着于咽喉鼻孔处。通常在生物洁净技术中只考虑 $0.3\mu m$、$0.5\mu m$ 和 $5\mu m$ 的气溶胶粒子，用来作为洁净度分级的依据和标准。

在动物实验过程中，由于动物特性，会产生大量的动物性气溶胶（animal aerosol）。在感染动物的观察饲养、动物呼吸、屎尿排泄、抓咬、挣扎、逃逸、跳跃中；在垫料、饲料更换、感染接种、注毒、特别是在鼻腔内接种时；在尸体剖检、病理组织排泄物收集、废弃污染物处理中，都会产生危害性极大的动物性气溶胶。

2.1.4.3 微生物气溶胶的感染特点

（1）微生物气溶胶无色无味、不易被发现，人群在自然呼吸中不知不觉吸入感染。大量人群同时突然发病，可能造成措手不及，如果控制、治疗不及时，会造成被动局面。

（2）有些微生物气溶胶感染症状与自然感染的症状相比不典型，病程发展复杂，可能不易及时诊治，影响预后。

（3）有些气溶胶感染只有呼吸道免疫才有预防作用，非呼吸道免疫途径预防作用效果欠佳。疫苗的研究变得更加复杂和困难。

（4）呼吸道传播的病毒，特别是 H5N1 亚型病毒常常发生变异，尤其是其抗原性、致病性都可能发生改变，导致呼吸道敏感、在空气中存活力增强。

（5）气溶胶传播能够形成多途径感染，容易发生人与人、人与动物、动物与动物之间呼吸道的传播感染。

（6）远距离或较远距离的传播是气溶胶与其他传播途径的显著区别，也是气溶胶传播难以预防的重要原因。

气溶胶的致病性是由气溶胶的物理特点、吸入者的生理特点以及暴露于气溶胶的状态决定的。微生物气溶胶侵入人体呼吸道之后，机体必然发挥所有特异性和非特异性防御机能，排除这些致病性因子。由于非特异性功能防御的存在，只有当气溶胶微生物含量足够多，且毒力强时才能引起感染和病理变化。此外，虽然很多病毒可以通过气溶胶侵入呼吸道，但并不一定都能表现出呼吸道症状，其根本原因在于病毒最终繁殖的地点不同，如天花、麻疹、水痘、腮腺炎等病毒经呼吸道侵入后引起的继发感染。

2.1.4.4 能够产生微生物气溶胶的实验活动

实验室中许多操作过程都可以产生微生物气溶胶，并随空气扩散而污染实验室的空气，当工作人员吸入了被污染的空气，便可以引起实验室相关感染（Laboratory-associated infection）。表 2.1.4.4-1 列出了能够产生微生物气溶胶的实验活动。

能够产生微生物气溶胶的实验活动　　　　　表 2.1.4.4-1

实验室活动	微生物操作	实验室活动	微生物操作
1. 接种	微生物培养和划线培养； 培养介质中"冷却"带菌接种环； 燃烧带菌接种环	5. 解剖	皮毛没有消毒或消毒不彻底； 刀、锯等操作； 血液喷发
2. 吸液	用吸管吹打混合微生物悬液； 吸液管中菌悬液落在固体表面	6. 其他	使用搅拌机、混合器、超声波仪、 和混合用的仪器； 灌注和倒入液体； 打开培养容器； 感染性材料的溢出； 真空冻干和过滤； 接种鸡胚和培养物的收取
3. 注射	排除注射器中的空气； 从塞子中拔出针头； 接种动物； 针头从注射器上脱落喷出毒液		
4. 离心	高速离心； 离心管破裂		

资料表明，对 276 种操作进行了测试，其中 239 种操作可以产生微生物气溶胶，占全部操作的 86.6%。在表 2.1.4.4-2 中将各种操作归纳为 21 大项，按其产生微生物气溶胶颗粒的多少，分为重度、中度和轻度三级。特别指出是，有些工作需要反复多次操作，即使一次操作产生的气溶胶并不多，但由于多次操作同样可以在短时间内产生大量的微生物气溶胶，对工作人员造成严重危害。

可产生各种严重程度微生物气溶胶的实验室操作　　　　表 2.1.4.4-2

轻度（<10 个颗粒）	中度（11～100 个颗粒）	重度（>100 个颗粒）
玻片凝集试验； 倾倒毒液； 火焰上灼热接种环； 颅内接种； 接种鸡胚和抽取培养液	腹腔接种动物,局部不涂消毒剂； 试验动物尸体解剖； 用乳钵研磨动物组织； 离心沉淀前后注入、倾倒、混悬毒液； 毒液滴落在不同表面上； 用注射器从安瓶中抽取毒液； 接种环接种平皿、试管或三角烧瓶等； 打开培养容器的螺旋瓶盖； 摔碎带有培养物的平皿	离心时离心管破裂； 打碎干燥菌种管； 打开干燥菌种安瓶； 搅拌后立即打开搅拌器盖； 小白鼠鼻内接种； 注射器针尖脱落喷出毒液； 刷衣服、拍打衣服

值得强调的是，在医学微生物研究实验室操作中，除了避免错误操作以外，实际工作中应该对实验活动和过程做出危险评估，做好防护措施。

2.1.4.5　实验室空气传播与感染概述

以往，在微生物学实验室中，大部分传染性和致病性较强的病原体都发生过实验室相关感染，并且气溶胶传播感染非常严重。下面就几类病原微生物的实验室感染传播途径作扼要介绍。各种病原体实验室相关感染的资料汇总在表 2.1.4.5 中。

一些病原微生物实验室相关感染的途径   表 2.1.4.5

病原微生物	感染途径			
	皮肤接触或黏膜接触	吸入	食入	接触动物
细菌:				
炭疽杆菌	+	+	?	+
百日咳杆菌	+	+	—	
布鲁氏杆菌属	+	+	?	+
伯纳特立克次体	+	+	—	+
土拉弗氏菌	+	+	+	+
钩端螺旋体属	+	+	+	?
结核分枝杆菌	+	+	—	?
类鼻疽假单胞菌	?	+	—	?
伤寒杆菌	+	?	+	?
梅毒螺旋体	+	+	—	—
霍乱弧菌	+	—	+	—
鼠疫杆菌	+	+	+	+
病毒:				
汉坦病毒	+	+	+	+
肝炎病毒(乙肝和丙肝)	+	?	?	—
猴疱疹病毒	+	?	—	+
人类免疫缺陷病毒	+	?	—	—
拉沙病毒	+	+	+	+
淋巴细胞性脉络丛脑膜炎病毒	+	+	+	+
马尔堡病毒	+	+	—	+
埃波拉病毒	+	+	—	+
狂犬病毒	+	+	—	+
委内瑞拉马脑炎病毒	+	+	—	+
真菌:				
厌酷球孢子菌	+	+	?	+
荚膜组织胞浆菌	+	+		—
肉毒:				
毒素	+	+	+	+
葡萄球菌毒素 B	+	+	+	+
寄生虫:				
锥虫属	+	+	—	—

注:+表示能发生实验室感染;—表示不能发生实验室感染;?表示不清楚。

2.2 微生物气溶胶活性的影响因素

微生物的活性表示微生物体内发生的生理过程或处于活动的状态。微生物总量、浓度和微生物活性有一定的相关性,但是在数值上不成比例。同研究微生物总量相比,研究微生物活性可以更准确地反映微生物对人类和环境的影响。主要是因为具有活性的微生物更容易在适宜的条件下继续生存和繁殖，从而对人类健康、气候效应和空气环境产生比较重大的影响。微生物活性主要表示微生物进行新陈代谢活动的强度。在自然生态系统中，微生物活性广泛用于评价生态系统的健康程度，其活性水平取决于各种生物、化学和物理因素以及环境营养状况，它作为环境健康的生物学标志，可用来估计各种干扰过程（如人为活动等）对微生物群落的影响，也是生物修复过程重要的指示物。微生物从它形成的瞬间开始就一直处于变化状态。其变化与人类生产和生活息息相关，既可以被人类应用造福于人，亦会危害人类正常的生活和健康。因此，全面掌握微生物气溶胶活性特征，对控制空气微生物污染、改善环境质量、控制微生物疾病的传播和保障人体健康具有重要的理论意义。

影响微生物气溶胶的作用机理最大可能如表 2.2-1 所示。影响微生物气溶胶存活力的因素主要有气溶胶性质、环境因素和气溶胶化因素 3 个方面（见表 2.2-2）。

各种因素对微生物的作用靶分子 表 2.2-1

因素	最大可能靶分子
RH 和温度	细胞膜、卵磷脂、蛋白
氧化物	卵磷脂和蛋白
氧气	卵磷脂和蛋白
大气开放因素	卵磷脂、蛋白和核酸
γ、χ 射线，紫外线	卵磷脂、蛋白和核酸

影响微生物气溶胶存活力的因素 表 2.2-2

气溶胶性质	环境因素	气溶胶化因素
微生物抵抗力	温度	发生原理
粒子的化学性质	相对湿度	发生物理特性（干粉或悬液）
粒子的物理特性	气体成分及污染物	喷雾压力
粒子大小	光辐射	喷雾气体种类
粒子物态	大气开放因子	
吸湿性		

2.2.1 气溶胶性质

微生物固有的生命力是决定其在空气中存活力的内因，因此各种微生物对影响因素（如对 RH）的反应也不一样（见表 2.2.1-1 和表 2.2.1-2），其衰亡常数也不一样。从表中可看出，芽孢菌比非芽孢菌存活力强得多。这些微生物是构成大气微生物群的重要成分。近年来，对病毒气溶胶的研究日渐增多。作为空气中微生物衰减规律和机制的研究，病毒有其独特之处。因为它们结构简单，在空气中无代谢活性。目前，尚不能满意地指出病毒中核酸（生命因素）的类型和结构特点与其存活力的真正关系。但有一点是明确的，病毒感染性核酸在空气传播中较其病毒原颗粒更稳定。在同一样品中，回收的核酸量较之未变动的病毒量更多。

　　微生物培养物中的基质和附加物对其气溶胶的物理、化学性质有直接的关系，并可影响其存活力和感染力。有一种叫 langot 的病毒，用原来组织培养液喷雾时，出现对"中等相对湿度"的敏感性；如果除去液体中的盐类可以减少此种敏感性；如果用单纯的5%的氯化钠悬液喷雾，在"中等相对湿度"条件下回收病毒更多。在基质中加入某些糖类、蛋白质或肌醇，均可增加微生物气溶胶的稳定性。

几种病原微生物气溶胶的衰亡常数　　　　　　　　　　　　　　表 2.2.1-1

微生物种类	K 值	各种衰亡率所需时间(min)			
		t90	t99	t99.9	t99.99
炭疽杆菌芽孢	0.001	2300.0	—	—	—
鼠疫杆菌	0.08	27.6	55.2	82.8	111.0
兔热杆菌	0.05	44.9	89.8	135.0	180.0
布氏杆菌	0.04	56.4	113.0	169.0	226.0
乙型脑炎病毒	0.015	152.0	305.0	—	—
裂谷热病毒	0.03	75.6	151.0	227.0	302.0
委马脑炎病毒	0.005～0.02	114.0	228.0	341.0	—
黄热病毒	0.045	50.0	100.0	150.0	200.0
拉沙热病毒	0.013～0.04	75.6	151.0	227.0	302.0
贝氏柯克体	0.001～0.07	31.7	63.5	95.2	127.0

各种微生物气溶胶存活的最佳、最差相对湿度　　　　　　　　　表 2.2.1-2

微生物	最佳相对湿度(%)	最差相对湿度(%)	最高生物衰减系数(%/min)
黏质沙雷氏菌	80	30	5min 存活 33%
大肠杆菌(悬液)	<50	>50	2min 衰减 99%以上
大肠杆菌(干粉)	低湿	>85	迅速失活
兔热杆菌(悬液)	95	60	17.8
兔热杆菌(干粉)	1	60	16.2
军团杆菌	80	30	t50 为 3.2min
鼠疫杆菌	40	>80	24
委马脑炎病毒(悬液)	各湿度均稳定		3
委马脑炎病毒(干粉)	20	>76	5
黄热病毒	50～85		
裂谷热病毒	50～85		5
日本乙型脑炎病毒	30～80		2.5
拉沙热病毒	30	80	4

气溶胶粒子大小的意义有 3 点：（1）气溶胶活体浓度与粒子容积有关；（2）感染力高度依赖于粒子大小；（3）强烈影响粒子中微生物的存活时间。大粒子外壳可保护粒子中间一些活体免受不利因素的作用。因而，大粒子中微生物存活时间较长。

对兔热杆菌和鼠疫杆菌的研究结果表明，在各种相对湿度条件下，湿性粒子和干性粒子在空气传播中的存活力、对辐射的抵抗力与衰亡机制均有所不同。对温度变化的反应，干胶比较稳定；对相对湿度变化的反应，湿胶比较稳定。粒子吸湿和失水是微生物死亡的重要原因，因此有人试图用减少粒子与大气水分交换的方法（微胶囊）来增加其稳定性。

2.2.2　环境因素

（1）温度是影响真菌和细菌的主要因素，空气温度较低时可以使得微生物的存活时间延长，但同时会抑制微生物的生长和繁殖；高温对微生物的存活不利，可能会导致微生物体内的细胞蛋白质变性，也有可能使微生物干燥失水从而导致其失去活性。温度也可以直接影响生物气溶胶中微生物的来源，适宜的温度会导致水体、污泥以及土壤中的微生物释放到大气中，从而增加生物气溶胶中微生物的浓度和数量，对生物气溶胶中微生物的活性也有一定的影响。研究指出，温度可以明显影响真菌孢子的释放，与细菌和真菌的浓度、数量、种类和群落分布特征也具有一定的相关性，从而也会间接影响微生物气溶胶的活性。

（2）常温范围内温度变化的影响不如相对湿度影响那么大。各种微生物对相对湿度的反应有所不同。在一定条件下，有的在低相对湿度下衰亡快，有的在高相对湿度下衰亡快，而更多的是对"中等相对湿度"敏感，死亡得更快。相对湿度不仅会对生物气溶胶中微生物总量、浓度和群落分布特征产生重要影响，也会导致微生物气溶胶中微生物体内的生存环境发生改变，从而对微生物活性水平产生影响。

（3）空气中某些大气污染物对微生物亦有杀害作用。NO_2 对委内瑞拉马脑炎病毒和枯草杆菌芽孢气溶胶存活具有影响。在温度为 24℃、相对湿度为 85% 的条件下，5ppm 的 NO_2 时，病毒的衰亡率明显增高，即使 NO_2 浓度达 10ppm 对枯草杆菌芽孢也无影响。因此，枯草杆菌芽孢可作为 NO_2 对病毒气溶胶存活影响研究中的良好示踪剂。不同浓度的 SO_2 对委马病毒气溶胶存活也具有影响。在相对湿度为 30% 的条件下，病毒在含有 3.6ppm（环境中最大容许量）的 SO_2 气体中贮存 60min，病毒气溶胶的衰亡率比对照组高 10 倍（8.64%；0.79%）。当 SO_2 和光强度为 308MC/(cm^2·min) 联合作用时，对病毒的影响比单独光照或单独 SO_2 作用也大，而且相对湿度为 60% 时比 30% 时明显（40.6%/min；25.0%/min）。SO_2 对委马病毒气溶胶的存活有十分明显的影响，这种影响随浓度的降低而减小，直至降到 0.4ppm 时对病毒仍有毒害作用。NO_2 对黏质沙雷氏菌的影响与环境中的相对湿度有关。相对湿度为 90% 时，6.0mg/m³ NO_2 对该菌有杀灭作用。而相对湿度为 60% 时，NO_2 对该菌似乎有保护作用。NO_2 对枯草杆菌芽孢气溶胶的存活无影响。

（4）日光辐射对微生物气溶胶中微生物的影响比较复杂。较强的日光辐射会对微生物有损害和杀伤作用，导致溶胶中微生物活性的降低；然而当日光辐射较低时，遇到适宜的大气相对湿度，可能会导致大量孢子的释放，从而增加气溶胶中微生物总量和浓度，进而影响气溶胶中微生物活性的水平。

一天中的不同时刻，大气中每立方米的含菌数与日光辐射强度有关，强度越大含菌数越少；污水喷灌时空气中细菌数夜间比白天高10倍，1988年在京津地区大气微生物本底调查时也获得类似结果；在模拟日光照射空气中的土拉杆菌和鼠疫杆菌时，发现细菌的衰亡率与光照强度呈正比，光辐射作用与相对湿度呈反比关系（见表2.2.2）。委马病毒气溶胶对日光作用也十分敏感，光照组的衰亡率比对照组高几千倍。

光照射对空气中土拉杆菌存活的影响   表 2.2.2

相对湿度(%)	不同光照强度($\mu w/cm^2$)的衰亡率(%/min)			
	0	30	60	90
20	7.0	56.5	62.5	71.7
40	15.2	48.6	51.0	60.0
60	17.5	33.5	38.0	58.5
80	12.0	13.5	30.5	40.2
95	5.0	7.7	25.3	33.3
X	11.3	31.9	41.5	52.7

注：表中X代表同一光照强度，不同相对湿度下的平均值。

（5）研究指出，较大的降雨和降雪对生物气溶胶中的微生物有清除作用，这会导致生物气溶胶中微生物的总量和浓度降低，对生物气溶胶中微生物活性的水平也会起到不同程度的影响。而较小的降水和雾天反而会对生物气溶胶中微生物有促进作用，这主要是因为较小的降水和雾天会使得土壤、植物和水体中的微生物扩散到空气中，形成小粒径的生物气溶胶颗粒而漂浮在空中不容易被清除。较小的水滴和雾天会为生物气溶胶中微生物的生存和繁殖提供生长介质，且湿度较大也会导致生物气溶胶中微生物的粒径增大，从而形成生物气溶胶的二次污染。因此，降水也会对生物气溶胶中微生物活性产生重要的影响。

（6）开放大气因子（Open Air Factor，OAF）是一种在大气中存在的、太阳辐射可以破坏的、主要由臭氧和未燃尽的烯烃（olefine）形成的杀灭微生物的因子。研究证明，OAF对黏质沙雷氏菌、兔热杆菌、猪型布氏杆菌、表皮葡萄球菌、C型溶血链球菌、T_7噬菌体和痘苗病毒均有此种作用。而枯草芽孢杆菌、炭疽菌和耐辐射细球菌对OAF不敏感。关于辐射杀灭微生物的作用是很明确的。

2.2.3 气溶胶化因素

气溶胶化因素主要是指在形成气溶胶过程中外力对微生物的损伤。一部分微生物当即死亡，另一部分则因为受到损伤在空气中陆续死亡。例如，用爆炸方式发生气溶胶死亡率很高，用气流携带发生干粉气溶胶微生物存活率较高。用悬液喷成气溶胶，喷雾压力增高，存活力相应下降。用氮气喷雾存活率比用含有氧气的空气喷雾存活率更高。

2.3　防止微生物气溶胶扩散的一级屏障隔离

无论是哪一种病原微生物实验室，总有一些操作本身不可避免地要产生气溶胶。尽管采取一些防范措施可以减少病原微生物气溶胶的产生，但也不可能达到完全避免。因此，病原微生物实验室生物安全必然面临如何防止产生的微生物气溶胶扩散传播的问题。

任何涉及病原微生物的实验操作均须轻缓小心，以尽量减少微生物气溶胶的产生。有较大可能产生微生物气溶胶的各种操作，首先应考虑在生物安全柜、动物隔离器等一级防护屏障中进行，当不能在一级防护屏障中操作时，应加强二级屏障控制要求，提高个人防护水平。这类操作如对感染动物进行剖检、倾倒污染垫料、从动物体采集感染组织或体液以及进行高浓度或大容量传染性材料操作等，详见本章第 2.1.4.4 节。

使用各级生物安全柜可以最大限度地减少工作人员接触传染性气溶胶的几率，任何涉及活菌的操作均应尽可能在生物安全柜内进行。生物安全柜是为了保护操作人员及周围环境安全，把处理病原体时发生的污染气溶胶隔离在操作区域内的第一道隔离屏障，通常称为一级屏障或一级隔离，有关一级屏障防护设备的介绍详见本书第 3 章。

2.4　微生物气溶胶二级屏障控制

目前人类所面对的各类传染病（Infectious Diseases），均为由各种病原体引起的能在人与人、动物与动物或人与动物之间相互传播的一类疾病。综观人类发展历史上历次重大的传染病大流行事件，都给当时的人类社会带来了无法弥补的严重损失。一份世界银行的报告《为健康投资》提供的资料显示，1990 年死于传染病的全球死亡人数达 1669 万，占总体死亡人数的 34.4%，而死于战争的人数仅为 32 万，占 0.64%。死于传染病的人数是死于战争人数的 50 多倍。就空气传染的疾病的普遍情况来看，室内气流组织和对室内污染空气的隔离和处理，是防止致病微生物在室内人员之间传染和对室外环境传播的重要措施。

自 2003 年"SARS"肆虐之后，中国建筑科学研究院净化空调技术中心科研人员在许钟麟研究员的带领下，对空气微生物气溶胶隔离控制原理、室内气流组织、缓冲室的作用、压差和温差的作用与影响等做了大量细致而严谨的科研攻关工作，通过理论论证、数值模拟与实验证明相结合，获得了多项科研成果。

2.4.1　静压差的作用

生物安全实验室防护区相对其邻室保持一定的负压，可以防止室内污染经缝隙外泄，是控制污染的最重要的措施。当某一房间与相邻的房间之间有门窗和任何形式的孔口存在时，在这些门窗、孔口处于关闭的情况下，该房间与相邻空间应维持一个相对静压差，这个压差就是以一定风量通过这些关闭的门窗、孔口的缝隙时的阻力，所以静压差反映的是缝隙的阻力特性，按流体力学原理，通过缝隙的流量与阻力的关系是：

$$Q=\mu F \sqrt{\frac{2\Delta P}{\rho}}$$ (2.4.1)

式中　Q——通过缝隙的流量，m^3/h；

　　　μ——流量系数；

　　　F——缝隙面积，m^2；

　　　ΔP——缝隙两端的静压差，Pa；

　　　ρ——空气的密度，kg/m^3。

对一固定的缝隙，其两侧的静压差 ΔP 与 ρ 成正比，与 Q 的平方成正比。在工程实际中，缝隙较复杂，平方关系不再成立，而是 Q 与 ΔP 的 $1\sim1/2$ 次方成正比。

气密性高等级生物安全实验室负压梯度的意义体现在两个方面：（1）在门关闭的情况下，保持各房间之间的压力梯度稳定（由外到内压力依次降低），形成由辅助工作区到防护区的气流流向，从而有效防止被传染性生物因子污染的空气向污染概率低的区域及外环境扩散；（2）在门开启时，保证有足够的气流向内流动，以便把带出的污染减小到最低程度。

许钟麟研究员在其文献中指出：越严密的结构，缝隙阻力越大，需要的 ΔP 越大，较符合实际缝隙情况的理论最小压差可定为 3Pa，在关门状态下，房间压差是影响平面内污染物外（或内）泄的唯一因素的结论是成立的，并且 3Pa 的压差就足以防止这一情况的发生，不存在其他影响因素。所以从这一意义上说，一味追求大压差是没有必要的。但是在开门状态下，开门的动作、人的行走和温差则成为影响平面内房间污染物外（或内）泄的重要因素。

目前国家标准对相邻房间的静压差一般要求为 10Pa 或 15Pa，实际上是考虑了一定的安全系数给出的数值，安全系数的初衷是考虑风机、风阀、压力传感器等仪器设备的误差（或正负偏差因素），实验室大部分情况下是处于关门的静止状态，对于开门等压力扰动因素，《生物安全实验室建筑技术规范》GB 50346—2011 第 7.3.1 条规定："空调净化自动控制系统应能保证各房间之间定向流方向的正确及压差的稳定"，《实验室　生物安全通用要求》GB 19489—2008 第 6.3.8.12 条规定："中央控制系统应能对所有故障和控制指标进行报警，报警应区分一般报警和紧急报警"，即开门状态虽然静压差丧失，但此种状态只允许短时存在（一般情况下正常开关门动作不会超过 30s），对污染物外泄的影响并不是很大，可通过房间自净予以控制。

2.4.2　门的开关和人的进出作用

当室内为正压，门突然向内开时，门内一部分区间空气受到压缩，造成门划过的区间出现局部暂时的负压，在开门瞬间将室外空气吸入。当室内为负压，门突然向外开时，门外一部分区间空气受到压缩，造成门划过的区间出现局部暂时的比室内更低的负压，在开门瞬间使室内空气外逸，以上现象可称为开关门的卷吸作用。美国的沃尔夫（Wolfe）在 1961 年就注意到这一点，并指出正压室开门一次可吸入的空气量约为 $0.17m^3/s$，开门时卷吸作用引起的气流流向如图 2.4.2-1 所示。

当人进出房间时，会有一部分空气随着进出，这也是造成污染的一个因素。美国的沃尔夫（Wolfe）也注意到这一现象，如图 2.4.2-2 所示。

图 2.4.2-1　开门卷吸作用　　　　　　　　图 2.4.2-2　人进出房间的带风作用

2.4.3　温差的作用

室内外存在温差几乎是普遍现象，在开门瞬间，在热压的作用下，将有空气从房间上部或下部进入或流出，这是一个未被充分认识的造成污染的因素。许钟麟研究员从理论上对温差促进污染外泄的作用做了详细讨论，指出"只要有温差，不论压差多大，对流气流就存在，也就是空气传播的污染就存在，气流方向主要服从于温差对流方向"，图 2.4.3 给出了温差作用下门洞进、出气流示意图。

2.4.4　缓冲间的动态隔离作用

在门开关、人进出的动态条件下，缓冲间可起到重要的隔离作用。生物安全实验室常用"三室一缓"、"五室两缓"的模式，如图 2.4.4-1 和图 2.4.4-2 所示。

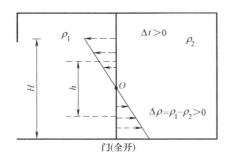

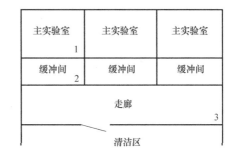

图 2.4.3　温差作用下门洞进、出气流示意图　　图 2.4.4-1　生物安全实验室"三室一缓"布置

图 2.4.4-3 是计算用图式，图中 1～5 为室编号，V 为室容积（m^3），N_1 为 1 室或 1 室门口区域污染浓度（个/m^3），Q_1 为开门后因压差未能抵消的由 1 室进入 2 室（缓冲）的风量（m^3）。原始的污染和有缓冲室时开门带来的室内污染原始浓度之比称为总隔离系

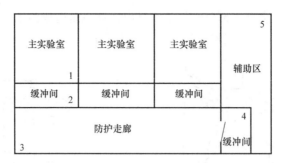

图 2.4.4-2 生物安全实验室"五室两缓"布置

数，以 β 表示，则有：

$$\beta_{km} = \frac{V^{k-1}\alpha^m}{X^m Q^{k-1}(e^{-nt160})^{k-2}} \tag{2.4.4}$$

式中　k——在单一路线方向上逐一相通的全部室数（包括缓冲室）；

　　　　m——在单一路线上的缓冲室数；

　　　　X——病房容积 V 相对于缓冲室容积的倍数；

　　　　n——缓冲室换气次数，h^{-1}；

　　　　t——自净时间（min），即从 1 室门关闭，到走向 2 室的门，该门开启瞬间之前的时间（含门的自锁时间），一般在 5～30s 之间；

　　　　α——每室混合系数；

　　　　Q——$\Delta t = 1℃$，开关门为 2s 时，各种因素泄的风量，经计算为 $1.52\mathrm{m^3/s}$。

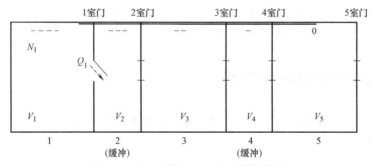

图 2.4.4-3 计算用"五室两缓"图式

计算结果如下：

(1)"三室一缓"，α 取 0.9，$V = 25\mathrm{m^3}$，$x = 5$。

$$\beta_{3.1} = 42.4$$

(2)"五室两缓"，α 取 0.9，$V = 25\mathrm{m^3}$，$x = 5$

$$\beta_{5.2} = 2564$$

从上面计算可见，只有设缓冲室才能极大程度地起到隔离作用，它是生物安全实验室中最重要的动态隔离措施。

2.4.5　定向气流的动态隔离作用

传染病学的研究早已证明，致病微生物气溶胶浓度是造成感染的关键。美国疾病预防和控制中心（CDC）的防止结核分枝杆菌在卫生保健设施中传播的指南（1994）也指出，应"降低传染性飞沫核的浓度"。

生物安全实验室的气流组织应有利于室内可能被污染空气的排出（定向流），即：房间之间的气流从污染可能性低的房间流向污染可能性高的房间；房间内，气流应该从低污染区向高污染区流动。室内送排风方式宜采用上送下排的定向气流，GB 50346—2011 相对于 GB 50346—2004 版标准，将生物安全实验室上送下排气流组织形式由"应"改为了"宜"，主要是考虑一些大动物实验室，房间下部卫生条件较差，需要经常清洗，不具备下排风的条件；另一个原因上排风比较容易实现排风高效过滤器的原位检漏和消毒功能。

房间风口布置时，通常是送风口靠近房间门口，排风口靠近房间的尽头；生物安全柜等一级防护屏障设备的上方或附近尽量不设置送风口，以减少对生物安全柜入口气流形成干扰，如图 2.4.5 所示。

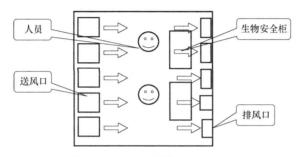

图 2.4.5　房间风口布置示意图

2.5　小结

（1）高负压、密封门对污染外泄的阻止是一种静态隔离作用，在开门这一动态条件下，这种作用基本消失，在实验室操作规程中应对开关门的时间和动作幅度有时间短、幅度小等类似要求。

（2）温差对流作用客观存在，是一般压差所抵消不了的，主实验室与缓冲室的温差越小越好，缓冲间对温差对流下的污染交换可起到很好的动态隔离作用，是有效的手段。

（3）缓冲间是重要的动态隔离措施，除主实验室门口有缓冲间外，必要时在防护区与辅助工作区之间再设一道缓冲间。

（4）送排风方式应是上送下排，定向气流。在医护人员工作位置上方应设送风口，以便首先保护医护人员。排风口遵循定向流的原则，应设在床头内下侧。

本章参考文献

[1]　[苏] 福克斯，H. A. 气溶胶力学 [M]. 顾震潮译. 北京：科技出版社，1960.

[2]　于玺华，车凤翔. 现代空气微生物学及采检鉴技术 [M]. 北京：军事医学科学出版社，1998.

[3]　蒋豫图. 对类鼻疽的最近认识 [J]. 国外军事医学资料（第5分册），1972，4：1.

[4]　卢振，张吉礼，孙德兴. 建筑环境微生物的危害及其生态特性研究进展 [J]. 建筑热能通风空调，2006，25（1）：19-25.

[5]　魏炳泉，薄金锋，张永江. 微生物气溶胶与实验室感染 [J]. 畜牧兽医科技信息，2006，5：28-30.

[6]　车凤翔. 生物医学实验室操作中生物气溶胶的产生及其危害控制 [C]. 第八届中国国际洁净技术论坛暨展览论坛文集，2005：99-106.

[7]　张松乐. 环境因素对空气中微生物存活的影响 [J]. 中国公共卫生，1992，8（8）：360-362.

[8]　许钟麟. 关于负压隔离室的缓冲室的作用 [J]. 建筑科学，2005，V21增刊：52—56.

[9]　许钟麟，张益昭，王清勤等. 关于隔离病房隔离原理的探讨 [J]. 暖通空调，2006，36（1）：1-7，34.

[10]　冯昕，许钟麟，张益昭等. 负压隔离病房气流组织效果的数值模拟及影响因素分析 [J]. 建筑科学，2006，22（1）：35—41.

[11]　赵力，许钟麟，张益昭等. 隔离病房隔离效果的微生物学实验方法 [J]. 暖通空调，2007，37（1）：9-13.

[12]　张益昭，许钟麟，王清勤等. 隔离病房回风高效过滤器滤菌效率的实验研究 [J]. 暖通空调，2006，36（8）：95-96，112.

[13]　王荣，许钟麟，张益昭等. 关于隔离病房应用循环风问题的探讨 [J]. 暖通空调，2006，36（10）：67-69.

[14]　许钟麟，张益昭，王清勤等. 隔离病房隔离效果的研究（1）[J]. 暖通空调，2006，36（3）：1-9.

[15]　许钟麟，张益昭，王清勤等. 隔离病房隔离效果的研究（2）[J]. 暖通空调，2006，36（4）：1-4.

[16]　许钟麟，张益昭，王清勤等. 隔离病房隔离效果的研究（3）[J]. 暖通空调，2006，36（5）.

[17]　许钟鳞著. 空气洁净技术原理（第三版）[M]. 北京，科学出版社，2003.

[18]　CDC. Guidelines for Preventing the Transmission of Mycobacterium Tuberculosis in Health Care Facilities [R]. 1994.

[19]　Ole Christian Ruge，Hilde BÅnrud，Oddvar Bjordal. Ultraviolet Technology and Intelligent Pressure Control Solutions Jointly Provide True Isolation Rooms for Infectious Patients. Klean ASA，2002. 5. 16.

[20]　Wolf H W，Harris M H，Hall L B. Open operating room doors and staphylococcns aureus [R]. 1981.

[21]　ASHRAE. ASHRAE Handbook- HVAC Application [G]，1991.

[22]　AIA. Guidelines for Construction and Equipment of Hospital and Medical Facilities [R]. 1992-1993.

[23]　许钟麟. 洁净区内缓冲室的设计原则 [J]. 暖通空调，1999，29（3）：46-48.

[24]　中国实验室国家认可委员会. 实验室生物安全通用要求. GB 19489—2008 [S]. 北京：中国标准出版社，2008.

[25]　中国建筑科学研究院. 生物安全实验室建筑技术规范. GB 50346—2011 [S]. 北京：中国建筑工业出版社，2012.

[26]　中国建筑科学研究院. 医院洁净手术部建筑技术规范. GB 50333—2013 [S]. 北京：中国建筑工业出版社，2013.

第3章 生物安全实验室建设基础

3.1 国外生物安全实验室相关标准

3.1.1 世界卫生组织 WHO 手册

世界卫生组织 2004 年发布了第 3 版《实验室生物安全手册》(以下简称 WHO 手册)。WHO 手册是唯一有中文版的国际标准,1983 年出版了第 1 版,1993 年修订为第 2 版,第 3 版为最新版,增加了新的内容:危险度评估、重组 DNA 技术的安全利用以及感染性物质运输;介绍了生物安保的概念——保护微生物资源免受盗窃、遗失或转移,以免微生物资源的不适当使用而危及公共卫生。WHO 手册共九部分,在第一部分生物安全指南中,第 4、5、6 章分别介绍了高等级生物安全实验室的设施和设备要求。与 WHO 其他各类手册、指南一样,其使用范围包括全球经济不同发展程度的国家,因此,WHO 手册提出的是最基础、最简单的要求。

在 WHO 手册第 1 章表 3 中列出了对各级实验室设施的基本要求,其中四级生物安全水平对设施方面的要求有:实验室要隔离、房间能够密闭消毒、维持向内的气流、可控的通风系统、高效过滤器 HEPA 过滤排风、双门入口、气锁、带淋浴的气锁、污水处理、双扉高压灭菌器、生物安全柜、人员安全监控条件。

WHO 手册强调人员"离开时,在穿上自己的日常服装前应淋浴",但"个人淋浴室和卫生间的污水可以不经任何处理直接排到下水道中。"

3.1.2 美国 BMBL5 标准

美国 CDC (Centers for Disease Control and Prevention) 等组织 2009 年发布了《微生物和生物医学实验室的生物安全》第 5 版(《Biosafety in microbiological and Biomedical laboratories》)(以下简称 BMBL5)。美国是高级别生物安全实验室建设最早、最多的国家,经验丰富,因此 BMBL5 受到国际社会的推崇,甚至被一些业内人士称为生物安全实验室建设的"圣经",在我国相关标准的编制和修订过程中,借鉴了相关内容。BMBL5 共 8 章,12 个附录,在第 4 章和第 5 章中,介绍了高级别实验室的设备和设施要求,BMBL5 目前正在修订,不久会有新版本推出。

BMBL5 中对于安全柜型、正压服型的 BSL-4 和 ABSL-4 分别规定了 15 条设施要求 4 个部分的内容(安全柜型 BSL-4、安全柜型 ABSL-4、正压服型 BSL-4、正压服型 ABSL-4),

比 WHO 手册规定得更详细和具体。

3.1.3 英国 HSE 标准

英国健康安全局 HSE（Health and Safety Executive）发布的《Themanagement，Design and operationofmicrobiological Containment laboratories》（2001）和《Biologicalagents——Theprinciples，Design and operationof containmentLevel4facilities》（2006）（以下简称英国标准）与 BMBL5 标准一样，并不是强制标准。前者对二、三级实验室（在英国称为 CL2 和 CL3）的建设和运行管理提出了要求；后者对四级实验室（CL4）的设施和设备的建设和运行管理提出了要求。

3.1.4 澳大利亚和新西兰标准

AS/NZS2243.3：2010《Safetyinlaboratories——Part 3：Microbiologicalsafety and Containment》（以下简称澳新标准）是澳大利亚和新西兰联合颁布的。澳新标准共 13 章，8 个附录，在第 5、6 章中分别对三级、四级实验室（称为 PC3 和 PC4）和三级、四级动物实验室（Animal PC3 和 Animal PC4）的设备、设施有具体要求。

3.1.5 加拿大政府标准

加拿大政府 2015 年颁布了《加拿大生物安全标准》第 2 版（以下简称 CBS 标准），2016 年颁布了《加拿大生物安全手册》第 2 版（以下简称 CBH 手册）。加拿大的生物安全标准是先进国家标准中最新的，也是要求最严格的标准。CBH 手册是在加拿大处理、保存人类和陆地动物病原体和毒种的国家指导性文件，是 CBS 标准的配套文件，在 CBH 手册中详细规定了实验室的物理防护、运行操作、性能验证方面的要求。这两项标准替代了加拿大 2013 年发布的《加拿大生物安全标准和指南》（CBSG）。

CBH 手册共 25 章，2 个附录，第 3 章对防护水平和防护区提出了简单要求。在 CBS 标准中，在第 3 章以列表的形式对二级、三级、四级实验室（CL2，CL3，CL4）和二级、三级农业实验室（CL2 Ag，CL3 Ag）的物理防护有详细要求，其中专门针对 CL4 级实验室的要求约有 100 条。

3.2 我国生物安全实验室相关标准

2003 年以前，我国的生物安全实验室建设无国家标准依据。2003 年 SARS 爆发后，许多机构为了开展有关病原微生物的研究工作，开始新建、改扩建生物安全三级实验室。为保障安全，我国的生物安全实验室标准体系建设也同步发展。标准对于指导生物安全实验室的建设和管理以及我国生物安全实验室体系的发展，起到了重要的支撑作用。尤其是《实验室生物安全通用要求》GB 19489、《生物安全实验室建筑技术规范》GB 50346，作为生物安全实验室行业的基础标准，更是发挥了突出的作用。

3.2.1 《实验室生物安全通用要求》GB 19489

2003 年 SARS 爆发后，我国制订了国家标准《实验室生物安全通用要求》GB 19489—2004 用以指导国内生物安全实验室的建设，该标准于 2008 年修订后，现行国家标准号为 GB 19489—2008。与 2004 版相比，《实验室生物安全通用要求》GB 19489—2008（以下简称本标准）突出和增加了对风险评估的要求。

本标准由 8 个部分组成，包括：范围、术语和定义、风险评估及风险控制、实验室生物安全防护水平分级、实验室设计原则及基本要求、实验室设施和设备要求、管理要求和附录。其中风险评估及风险控制、实验室生物安全防护水平分级、实验室设计原则及基本要求、实验室设施和设备要求、管理要求为正文部分，第 8 部分是三个资料性附录。其中实验室设施和设备要求是对实验室生物安全直接相关的设施设备的基本要求。

本标准的特点是归纳总结了生物安全实验室的关键系统，如平面布局、围护结构、通风空调、污物处理、消毒灭菌、供水供气、电力、照明、通信、自控、报警、监视等，从系统集成的角度分别提出要求，脉络清晰，易于使用。

风险评估是实验室设计、建造和管理的依据，本标准按照风险评估的基本理论和原则，结合我国实验室的经验和科研成果，给出了实用性及针对性强的基本程序和要求，可指导实验室科学地进行风险评估。标准使用者应特别注意，实验室风险评估和风险控制活动的复杂程度取决于实验室所存在危险的特性。使用时，实验室不一定需要复杂的风险评估和风险控制活动。对实验室生物安全防护水平进行分级，是基于风险程度对实验室实施针对性要求的一种风险管理措施。由于实验室活动的复杂性，硬件配置是保证实验室生物安全的基本条件，是简化管理措施的有效途径。

管理要求部分是本标准的特色部分。实验室安全管理体系是管理体系的一部分，旨在系统地管理涉及风险因素的所有相关活动，消除、减少或控制与实验室活动相关的风险，使实验室风险处于可接受状态。本标准的管理要求既有理论依据又有实践基础，将对实验室生物安全管理领域的研究与实践起到巨大的推动作用。

3.2.2 《生物安全实验室建筑技术规范》GB 50346

2003 年 SARS 爆发后，我国制订了国家标准《生物安全实验室建筑技术规范》GB 50346—2004，作为《实验室生物安全通用要求》GB 19489—2004 的配套建筑技术规范，用以指导国内生物安全实验室的建设。GB 19489—2004 修订后，GB 50346—2004 也对应进行了修订，现行国家标准为《生物安全实验室建筑技术规范》GB 50346—2011。与 2004 版相比，新标准增加了生物安全实验室分类、高效空气过滤器原位消毒和检漏要求、存水弯和地漏的水封深度要求、污物处理设备性能验证等内容，完善了生物安全实验室选址要求、围护结构严密性检测要求、高等级生物安全实验室配电要求、消防要求、二级屏障技术指标要求等内容。

GB 50346—2011 共 10 章，分别为：总则，术语，生物安全实验室的分级、分类和技术指标，建筑、装修和结构，空调、通风和净化，给水排水与气体供应，电气，消防，施工要求，检测和验收。规范有 4 个技术性附录，分别为：生物安全实验室检测记录用表，生物安全设备现场检测记录用表，生物安全实验室工程验收评价项目，高效过滤器现场效率法检漏。

本标准是《实验室生物安全通用要求》GB 19489—2008 的配套建筑技术规范。GB 19489—2008 的风险评估及风险控制要求，在本标准的建筑设施设备中予以了细化和明确，如标准第 5.3.5 条以强制性条文规定"三级和四级生物安全实验室防护区应设置备用排风机，备用排风机应能自动切换。切换过程中应能保持有序的压力梯度和定向流"，这就是为了规避或降低排风机故障风险所采取的冗余设计要求，类似设施设备要求在本标准中还有很多，在此不再赘述。

3.2.3 《病原微生物实验室生物安全通用准则》WS 233

该标准规定了病原微生物实验室生物安全防护的基本原则、分级和基本要求，适用于开展微生物相关的研究、教学、检测、诊断等活动的实验室。该标准上一版本为《微生物和生物医学实验室生物安全通用准则》WS 233-2002。

WS 233-2017 共有 7 个章节和 4 个附录，分别为：范围、术语与定义、病原微生物危害程度分类、实验室生物安全防护水平分级与分类、风险评估与风险控制、实验室设施和设备要求、实验室生物安全管理要求、附录 A（资料性附录）病原微生物实验活动风险评估表、附录 B（资料性附录）病原微生物实验活动审批表、附录 C（资料性附录）生物安全隔离设备的现场检查、附录 D（资料性附录）压力蒸汽灭菌器效果监测。

该标准给出了实验室生物安全防护的基本原则、要求，从实验室的设施、设计、环境、仪器设备、人员管理、操作规范、消毒灭菌等进行细致规范；给出了风险评估和风险控制要求；提出了加强型 BSL-2 实验室的定义和要求；给出了脊椎动物实验室的生物安全设计原则、基本要求等；给出了无脊椎动物实验室生物安全的基本要求。

3.3 我国生物安全实验室相关法律法规

2004 年我国先后颁布了《实验室生物安全通用要求》GB 19489—2004，《生物安全实验室建筑技术规范》GB 50346—2004 和《病原微生物实验室生物安全管理条例》（国务院第 424 号令），使我国生物安全实验室的建设和管理走上了规范化和法制化轨道。目前我国生物安全实验室相关法律法规主要有：

《中华人民共和国传染病防治法》

《中华人民共和国动物防疫法》

《中华人民共和国国境卫生检疫法》

《中华人民共和国进出境动植物检疫法》

《病原微生物实验室生物安全管理条例》（国务院令第 424 号）

《高等级病原微生物实验室建设审查办法》（科学技术部令第 18 号）

《医疗器械监督管理条例》

《进出境动植物检疫法实施条例》

《突发公共卫生事件应急条例》

《使用有毒物品作业场所劳动保护条例》

《医疗废物管理条例》

《危险化学品安全管理条例》

《中华人民共和国进出境动植物检疫法实施条例》（国务院令第 206 号）

《农业转基因生物安全管理条例》（国务院令第 304 号）

《实验动物管理条例》（国家科学技术委员会令第 2 号）

《中华人民共和国进境动物检疫疫病名录》

《人间传染的病原微生物名录》（卫科教发〔2006〕15 号）

《动物病原微生物分类名录》（农业部第 53 号令）

《高等级病原微生物实验室建设审查办法》

《病原微生物实验室生物安全环境管理办法》

《动物病原微生物菌（毒）种保藏管理办法》

《高致病性动物病原微生物实验室生物安全管理审批办法》

《人间传染的高致病性病原微生物实验室和活动生物安全审批管理办法》

《人间传染的病原微生物菌（毒）种保藏机构管理办法》

《医疗卫生机构医疗废物管理办法》（卫生部第 36 号令）

《医疗废物管理行政处罚办法》（卫生部/国家环境保护总局第 21 号令）

《农业生物基因工程安全管理实施办法》（农业部令第 39 号）

《高致病性动物病原微生物菌（毒）种或者样本运输包装规范》（农业部公告第 503 号）

《高致病性动物病原微生物菌（毒）种或样品运输包装规范》

《可感染人类的高致病性病原微生物菌（毒）种或样本运输管理规定》（卫生部第 45 号令）

《可感染人类的高致病性病原微生物菌（毒）种或样本运输管理规定》

《公共场所卫生管理条例实施细则》

《运输高致病性动物病原微生物菌（毒）种、样本审批》

《关于办理"兽医微生物菌（毒、虫）种进出口和使用审批"的相关要求》

《关于进一步加强动物检疫实验室生物安全管理的通知》

3.3.1 《中华人民共和国传染病防治法》

为了预防、控制和消除传染病的发生与流行，保障人体健康和公共卫生，我国制定了《中华人民共和国传染病防治法》。该法于 1989 年 2 月 21 日第七届全国人民代表大会常务委员会第六次会议通过，在 2004 年 8 月 28 日第十届全国人民代表大会常务委员会第十一次会议修订通过，于 2013 年 6 月 29 日第十二届全国人民代表大会常务委员会第三次会议修订通过。该法分总则、传染病预防、疫情报告通报和公布、疫情控制、医疗救治、监督管理、保障措施、法律责任、附则共 9 章 80 条。

该法规定的传染病分为甲类、乙类和丙类。

甲类传染病：是指鼠疫、霍乱。

乙类传染病是指传染性非典型肺炎、艾滋病、病毒性肝炎、脊髓灰质炎、人感染高致病性禽流感、麻疹、流行性出血热、狂犬病、流行性乙型脑炎、登革热、炭疽、细菌性和阿米巴性痢疾、肺结核、伤寒和副伤寒、流行性脑脊髓膜炎、百日咳、白喉、新生儿破伤风、猩红热、布鲁氏菌病、淋病、梅毒、钩端螺旋体病、血吸虫病、疟疾。

丙类传染病是指流行性感冒、流行性腮腺炎、风疹、急性出血性结膜炎、麻风病、流行性和地方性斑疹伤寒、黑热病、包虫病、丝虫病，除霍乱、细菌性和阿米巴性痢疾、伤寒和副伤寒以外的感染性腹泻病。

上述规定以外的其他传染病，根据其暴发、流行情况和危害程度，需要列入乙类、丙类传染病的，由国务院卫生行政部门决定并予以公布。对乙类传染病中传染性非典型肺炎、炭疽中的肺炭疽和人感染高致病性禽流感，采取该法所称甲类传染病的预防、控制措施。其他乙类传染病和突发原因不明的传染病需要采取该法所称甲类传染病的预防、控制措施的，由国务院卫生行政部门及时报经国务院批准后予以公布、实施。省、自治区、直辖市人民政府对本行政区域内常见、多发的其他地方性传染病，可以根据情况决定按照乙类或者丙类传染病管理并予以公布，报国务院卫生行政部门备案。

该法对严防实验室感染和病原微生物的扩散风险提出了明确要求。如：第二十二条明确规定"疾病预防控制机构、医疗机构的实验室和从事病原微生物实验的单位，应当符合国家规定的条件和技术标准，建立严格的监督管理制度，对传染病病原体样本按照规定的措施实行严格监督管理，严防传染病病原体的实验室感染和病原微生物的扩散"。

3.3.2 《病原微生物实验室生物安全管理条例》(国务院令第 424 号)

为了加强病原微生物实验室生物安全管理，保护实验室工作人员和公众的健康，我国制定了《病原微生物实验室生物安全管理条例》(国务院第 424 号令，2004 年 11 月 12 日发布实施)。该条例于 2018 年 4 月 4 日颁布了修订版，修订后的条例分总则、病原微生物的分类和管理、实验室的设立与管理、实验室感染控制、监督管理、法律责任、附则共 7 章 72 条。

该条例对实验室设计建设、运行管理、实验活动、个体防护等都提出了明确要求，第三章是有关"实验室的设立与管理"，其中第十九条规定"新建、改建、扩建三级、四级实验室或者生产、进口移动式三级、四级实验室应符合国家生物安全实验室建筑技术规范"的规定，对实验室设施设备的设计、施工、检测验收等建设环节提出了明确要求。第三十一条规定"实验室的设立单位应当依照本条例的规定制定科学、严格的管理制度，并定期对有关生物安全规定的落实情况进行检查，定期对实验室设施、设备、材料等进行检查、维护和更新，以确保其符合国家标准。"对实验室设施设备的运行维护、管理提出了明确要求。

3.3.3　《高等级病原微生物实验室建设审查办法》（科学技术部令第 18 号）

为规范三级、四级生物安全实验室（以下简称高等级生物安全实验室）的建设审查，根据《病原微生物实验室生物安全管理条例》（国务院第 424 号令）的有关规定，科学技术部制订了《高等级病原微生物实验室建设审查办法》，2011 年 6 月 24 日科学技术部令第 15 号公布。根据 2018 年 7 月 16 日科学技术部令第 18 号《关于修改〈高等级病原微生物实验室建设审查办法〉的决定》修改，自 2018 年 10 月 31 日起施行。

该办法分总则、申请、审查、附则共 4 章 16 条。该办法第二条规定"新建、改建、扩建实验室或者生产、进口移动式实验室应当报科学技术部审查同意"。第十三条规定"通过建设审查的实验室建成后，依据《病原微生物实验室生物安全管理条例》，由有关部门根据相关规定进行建筑质量验收、建设项目竣工环境保护验收、实验室国家认可和实验活动审批及监管等，确保实验室安全。"

3.3.4　《病原微生物实验室生物安全环境管理办法》

为规范病原微生物实验室生物安全环境管理工作，根据《病原微生物实验室生物安全管理条例》和有关环境保护法律和行政法规，我国制定了《病原微生物实验室生物安全环境管理办法》（国家环境保护总局令第 32 号），该办法于 2006 年 3 月 2 日经国家环境保护总局 2006 年第二次局务会议通过，自 2006 年 5 月 1 日起施行。该办法共 23 条，适用于境内的实验室及其从事实验活动的生物安全环境管理。

新建、改建、扩建实验室，应当按照国家环境保护规定，执行环境影响评价制度，实验室环境影响评价文件应当对病原微生物实验活动对环境可能造成的影响进行分析和预测，并提出预防和控制措施。实验室应当按照国家环境保护规定、经审批的环境影响评价文件以及环境保护行政主管部门批复文件的要求，安装或者配备污染防治设施、设备，污染防治设施、设备必须经环境保护行政主管部门验收合格后，实验室方可投入运行或者使用。实验室的设立单位对实验活动产生的废水、废气和危险废物承担污染防治责任。

3.3.5　《人间传染的高致病性病原微生物实验室和实验活动生物安全审批管理办法》

为加强实验室生物安全管理，规范高致病性病原微生物实验活动，依据《病原微生物实验室生物安全管理条例》，我国制定了《人间传染的高致病性病原微生物实验室和实验活动生物安全审批管理办法》（卫生部第 50 号令），该办法于 2006 年 7 月 10 日经卫生部部务会议讨论通过并施行。该办法分总则、高致病性病原微生物实验室资格的审批、高致病性病原微生物实验活动的审批、监督管理、附则共 5 章 33 条。该办法适用于三级、四级生物安全实验室从事与人体健康有关的高致病性病原微生物实验活动资格的审批，以及从事高致病性病原微生物或者疑似高致病性病原微生物实验活动的审批。

国家卫生健康委员会负责三级、四级生物安全实验室从事高致病性病原微生物实验活动资格的审批工作。国家卫生健康委员会和省级卫生行政部门负责高致病性病原微生物或者疑似高致病性病原微生物实验活动的审批工作。县级以上地方卫生行政部门负责本行政区域内高致病性病原微生物实验室及其实验活动的生物安全监督管理工作。

该办法所称高致病性病原微生物是指《人间传染的病原微生物名录》中公布的第一类、第二类病原微生物和按照第一类、第二类管理的病原微生物，以及其他未列入《名录》的与人体健康有关的高致病性病原微生物或者疑似高致病性病原微生物。

该办法第六条第六项明确要求：三级、四级生物安全实验室申请《高致病性病原微生物实验室资格证书》，应当明确实验室的职能、工作范围、工作内容和所从事的病原微生物种类；对所从事的病原微生物应当进行危害性评估，制订生物安全防护方案、实验方法及相应标准操作程序（SOP）、意外事故应急预案及感染监测方案等。"危害性评估"在本办法的第七、十三、十九条也提出了要求，这里的危害性评估类似于生物安全风险评估，包括生物因子、实验活动、设施设备等诸多因素要求。

3.3.6 《高致病性动物病原微生物实验室生物安全管理审批办法》

为了规范高致病性动物病原微生物实验室生物安全管理的审批工作，根据《病原微生物实验室生物安全管理条例》，我国制定了《高致病性动物病原微生物实验室生物安全管理审批办法》（农业部第 52 号令），该办法于 2005 年 5 月 13 日农业部第 10 次常务会议审议通过并施行。该办法分总则、实验室资格审批、实验活动审批、运输审批、附则共 5 章 24 条。该办法适用于高致病性动物病原微生物的实验室资格、实验活动和运输的审批。农业农村部主管全国高致病性动物病原微生物实验室生物安全管理工作，县级以上地方人民政府兽医行政管理部门负责本行政区域内高致病性动物病原微生物实验室生物安全管理工作。

该办法所称高致病性动物病原微生物是指来源于动物的、《动物病原微生物分类名录》中规定的第一类、第二类病原微生物。《动物病原微生物分类名录》由农业农村部商国务院有关部门后制定、调整并予以公布。

该办法第六条规定"实验室申请《高致病性动物病原微生物实验室资格证书》，应当符合农业部颁发的《兽医实验室生物安全管理规范》；取得国家生物安全三级或者四级实验室认可证书；实验室工程质量经依法检测验收合格"。

第十五条规定"实验室在实验活动期间，应当按照《病原微生物实验室生物安全管理条例》的规定，做好实验室感染控制、生物安全防护、病原微生物菌（毒）种保存和使用、安全操作、实验室排放的废水和废气以及其他废物处置等工作。"

3.4 高级别生物安全实验室审批与认可流程

图 3.4 给出了高级别生物安全实验室从立项、审查、环评、建设，到最后认可、资格批复等一套完整的流程，从图中可以看出每个阶段应遵守的政策法规或标准规范。

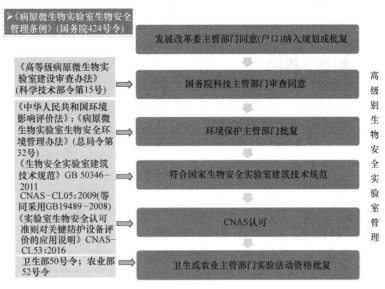

图 3.4　高级别生物安全实验室建设与认可审批流程图

3.5　高级别生物安全实验室设计与建设流程

3.5.1　实验室建设基本流程

生物安全实验室设计与建设流程如图 3.5.1 所示，包括项目前期、设计阶段、施工阶段、审批阶段。

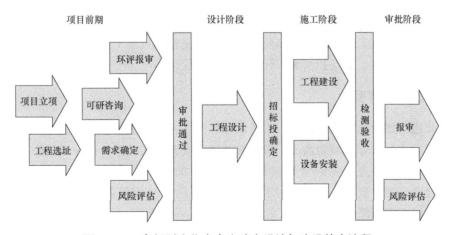

图 3.5.1　高级别生物安全实验室设计与建设基本流程

高级别生物安全实验室的设计和建设是一个集微生物学、流行病学、实验动物学、空气动力学、气溶胶学、消毒和灭菌、建筑和装饰工程学以及管理学等多学科和领域的系统复杂的工程，需要多层次、多部门、多学科有机配合才能完成。设计和建设好高级别生物安全实验室，应充分做好项目前期的准备工作，宜遵循以下基本工作程序：

3.5.2　项目前期基本程序

项目前期基本程序包括：成立组织机构，通过调研、考察，进行微生物危害评估，开展设计定位及规划，撰写工艺技术方案，组建设计团队，如图 3.5.2 所示。

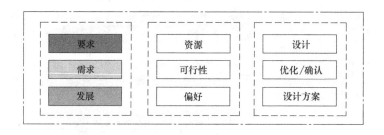

图 3.5.2　项目前期基本程序

3.5.2.1　成立组织机构

一个工程尤其是这样一个复杂的工程首先要有一个强有力的工程建设领导小组和专家组，下设工程办公室。

（1）工程建设领导小组：负责工程规划、立项报告、工程设计和建设方案的审批以及工程重大事项的决策。

（2）专家组：负责工程设计方案的审查、讨论，为工程设计和建设提供决策咨询意见。

（3）工程办公室：工程日常办事机构，下设工艺组和基建组。工艺组负责工程规划、立项报告、工艺技术方案、工程设计方案的撰写并组织论证，关键工艺设施设备的选型、购置，工程各专业施工的组织协调和监督管理等；基建组负责工程规划、立项申报，土建工程、通风空调工程、电气和水暖工程施工的技术管理。

3.5.2.2　调研、考察

对将要进行建设的实验室规模、工艺流程和条件、微生物类型、试验性质以及国家相关法律法规等进行充分的前期调研工作。涉及动物实验的实验室，设计团队要了解实验动物的培养和实验条件及生物安全等有关规范。有目的、有重点地考察国内外同类相关设施，采纳经验、吸取教训，或者通过其他途径取得国内外相关资料，吸其精华，去其糟粕，这样可以少走弯路。

3.5.2.3　微生物危害评估

对目标微生物的致病性（致病方式、致病程度）、致病途径、稳定性、致病剂量、操作时浓度等进行危害评估，确定所建生物安全实验室的防护级别、工艺平面布局、仪器设备功能布局以及安全设备、个人防护装备的选型。

3.5.2.4　设计定位及规划

在立项规划和设计前要明确所建实验室的用途、基本性能指标、建设规模以及安全设备的标准，根据试验对象的危害性确定实验室等级，不能盲目追求高等级、高标准，应选择合理、经济的设计方案，兼顾投资和运行费用。

3.5.2.5　撰写工艺技术方案

实验室工艺技术方案是工程设计的依据，是实现实验室生物安全的指南。从实验室建设的目标、需求、从事试验的性质、实验室类型到整体方案设计，应在充分调研和查阅资料的基础上，提供具体工艺技术方案，包括确定实验室外形、位置、基本类型和规模、工艺平面布局、建筑结构、装饰、通风空调净化、给水排水、气体供应、电气与自控等工艺技术要求。组织有关专家进行充分论证，可以边设计边完善，尽可能达到完美。

3.5.2.6　组建设计团队

我国生物安全实验室建设起步较晚，加之长期以来对生物安全实验室的建设缺乏监管，国家对实验室设计和建设单位没有严格、规范的要求（例如设计和建设资质等方面）。在生物安全实验室建设激增的同时，设计和建设单位也越来越多，设计队伍和技术力量良莠不齐，如不加强监管力度，将会给生物安全实验室建设带来安全隐患。

高等级生物安全实验室的设计是多学科和领域系统复杂的工程，因此，必须组建一个强有力的设计团队，包括建筑设计师（建筑、结构、通风空调、给水排水、电气自控和气体专业）、微生物学专家、实验室使用者、实验动物专家、实验室管理者等，要集思广益，严格审查，避免设计上的缺陷。

3.6　生物安全实验室设备

生物安全实验室设备包括安全防护设备和科学研究设备。安全防护设备包括屏障设备（如生物安全柜、负压隔离装置、高效过滤器、个体防护装备等）和消毒灭菌设备（压力蒸汽灭菌器、污水处理系统、焚烧炉等），用于保护环境、人员和实验对象（将在本书第4章予以介绍）。科学研究设备主要用于科学实验、检测等实验活动，是实验室必须使用的设备。实验室在选用防护设备和科学研究设备时要充分考虑实验室的实验活动以及所操作病原体的特点，尽可能选用生物安全型的科学研究设备（如安全离心设备、移液辅助器、接种环电子灭菌器等），以提高实验室安全性。

应根据设施设备的具体特点，按照供货商的产品使用说明，在投入使用前核查并确认设施设备的性能可满足实验室的安全要求和相关标准。如生物安全柜，应在现场安装后按照生物安全柜安装检验的有关要求进行现场检验，合格后方可投入使用；再如实验室排风HEPA过滤器，在安装完毕投入使用之前，须检漏合格。

本章参考文献

〔1〕 中国建筑科学研究院. 生物安全实验室建筑技术规范. GB 50346—2011〔S〕. 北京：中国建筑工业出版社，2012.

〔2〕 中国合格评定国家认可中心. 实验室生物安全通用要求. GB 19489—2008〔S〕. 北京：中国标准出版社，2008.

〔3〕 中国合格评定国家认可中心. 实验室设备生物安全性能评价技术规范. RB/T 199—2015〔S〕. 北京：中国标准出版社，2016.

〔4〕 中国疾病预防控制中心病毒病预防控制所. 病原微生物实验室生物安全通用准则. WS 233-2017〔S〕. 北京：中国标准出版社，2017.

〔5〕 曹国庆，王君玮，翟培军等. 生物安全实验室设施设备风险评估技术指南〔M〕. 北京：中国建筑工业出版社，2018.

〔6〕 全国认证认可标准化技术委员会. GB 19489—2008《实验室生物安全通用要求》理解与实施〔M〕. 北京：中国标准出版社，2010.

〔7〕 Public Health Agency of Canada. Canadian biosafety standard (CBS)〔S/OL〕. 2nd ed.〔2017-08-18〕. http：//canadianbiosafetystandards. collaboration. gc. ca.

〔8〕 Department of Health and Human Services. Biosafety in microbiological and biomedical laboratories〔M/OL〕. 5th ed.〔2017-08-18〕. http：//www. cdc. gov/biosafety/publications/bmbl5.

〔9〕 Joint Technical Committee CH-026，Safety in Laboratories，Council of Standards Australia and Council of Standards New Zealand. Australian/New Zealand Standard™ safety in laboratories part 3：microbiological safety and containment〔S/OL〕.〔2017-08-18〕. https：//infostore. saiglobal. com/en-au/Standards/AS-NZS-2243-3-2010-1430097/.

第4章　生物安全关键防护设备

4.1　概述

　　生物安全实验室关键防护设备是指我国认证认可行业标准《实验室设备生物安全性能评价技术规范》RB/T 199—2015 给出的 12 种设备，分别为生物安全柜、动物隔离设备、独立通风笼具（IVC）、压力蒸汽灭菌器、气（汽）体消毒设备、气密门、排风高效过滤装置、正压防护服、生命支持系统、化学淋浴消毒装置、污水消毒设备、动物残体处理系统（包括碱水解处理和炼制处理）。这 12 种关键防护设备在专著《生物安全实验室关键防护设备性能现场检测与评价》中介绍了 9 种，还有 3 种关键防护设备尚未述及，分别为压力蒸汽灭菌器、污水消毒设备、动物残体处理系统，已介绍的 9 种关键防护设备，主要内容包括设备结构及分类、标准概况、性能指标、现场实测等。专著《生物安全实验室设施设备风险评估技术指南》对 12 种关键防护设备的风险源进行了识别，并对主要风险源进行了分析。

　　本书对专著《生物安全实验室关键防护设备性能现场检测与评价》《生物安全实验室设施设备风险评估技术指南》已介绍的关键防护设备的设备结构及分类、标准概况、性能指标、现场实测、风险识别等不再重复赘述，只是简单介绍一些基本概念，感兴趣的读者可以阅读上述专著。本章将对《实验室设备生物安全性能评价技术规范》RB/T 199—2015 规定的 12 种关键防护设备在设计与建设阶段应重点考虑的问题进行阐述。

4.2　生物安全柜

4.2.1　概述

　　生物安全柜作为生物安全的防护屏障，其工作原理主要是通过动力源将外界空气经高效空气过滤器过滤后送入安全柜内，以避免处理样品被污染，同时，通过动力源向外抽吸，将柜内经过高效空气过滤器过滤后（Ⅰ级生物安全柜除外）的空气排放到外环境中，使柜内保持负压状态。该设备能够在保护实验样品不受外界污染的同时，避免操作人员暴露于实验操作过程中产生的有害或未知性生物气溶胶和溅出物。

　　我国产品标准《生物安全柜》JG 170—2005 根据安全柜排风方式、循环空气比例、柜内气流形式、工作窗口进风平均风速和保护对象几个重要特征进行了分级、分类。生物安全柜分为三级，即Ⅰ级、Ⅱ级和Ⅲ级生物安全柜，其中Ⅱ级生物安全柜又分为A1、A2、B1、B2四个类型。目前国内生物安全实验室中使用最多的是Ⅱ级A2、B2型生物安全柜，如图4.2.1所示。

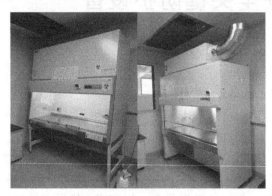

图 4.2.1　Ⅱ级 A2、B2 型生物安全柜实物图

在生物安全实验室设计和建设阶段经常面临的问题是A2、B2型生物安全柜的选型问题：B2型安全柜为全排型安全柜，对操作人员相对安全，但B2型生物安全柜排风量较大，需要补风，能耗大、运行费用高，且存在排风、补风的联锁控制问题，对自控系统要求较高，在实际工程项目中应根据工作需求来选型，不宜过度选择。

我国现行国家标准《生物安全实验室建筑技术规范》GB 50346 给出了生物安全实验室选用生物安全柜的原则，实验室可根据实际使用情况选用适用的生物安全柜。对于放射性的防护，由于可能有累积作用，即使是少量的，建议也采用全排型生物安全柜。

4.2.2　生物安全柜现场安装及位置要求

4.2.2.1　生物安全柜的现场安装要求

生物安全柜的现场安装要求应符合下列原则[①]：

（1）生物安全柜安装位置宜能保证前面板前有不小于1000mm的人员活动空间，如图4.2.2.1-1所示。

（2）生物安全柜背面、侧面与墙面或其他家具、设备的距离不宜小于300mm，顶部与吊顶的距离不应小于300mm，如图4.2.2.1-2所示。

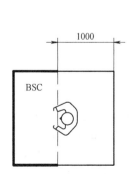

图 4.2.2.1-1　安全柜前面
空间示意图

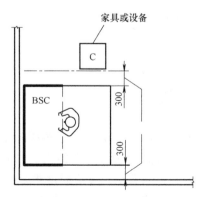

图 4.2.2.1-2　安全柜与墙面或其他
家具、设备距离示意图

---

① 摘自国家工程建设标准化信息网发布的"关于对建筑工业产品标准《生物安全柜 JG 170—2005》征求意见的函"。

（3）生物安全柜前面板与对侧墙之间的距离不宜小于 2000mm，如图 4.2.2.1-3 所示。

（4）生物安全柜前面板与对侧实验台之间的距离不宜小于 1500mm，生物安全柜侧面与垂直方向实验台之间的距离不宜小于 1000mm，如图 4.2.2.1-4 所示。

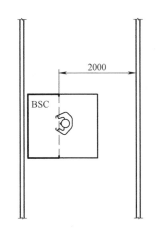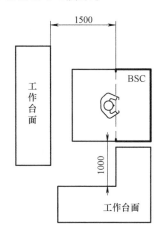

图 4.2.2.1-3　安全柜与对侧墙距离示意图　　　图 4.2.2.1-4　安全柜与实验台距离示意图

（5）两台生物安全柜相对布置时，其前面板之间的距离不宜小于 3000mm，两台生物安全柜相邻布置时，其侧面板之间的距离不宜小于 1000mm，如图 4.2.2.1-5 所示。

（6）两台生物安全柜垂直布置时，其中一台生物安全柜的前面板与另一台生物安全柜侧面间距不宜小于 1200mm，如图 4.2.2.1-6 所示。

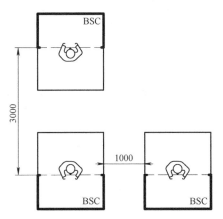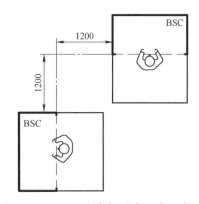

图 4.2.2.1-5　相邻安全柜距离示意图　　　　图 4.2.2.1-6　安全柜垂直距离示意图

（7）生物安全柜的位置应尽量避免实验室内人员的行走路线，以避免人员走动影响生物安全柜前面板气流。生物安全柜的位置应避免前面板距离送风设备过近，以避免影响生物安全柜前面板气流。

（8）生物安全柜应尽量避免放置于实验室的门口，生物安全柜前面板与房门间距不宜小于 1500mm，生物安全柜侧面与房门间距不宜小于 1000mm，如图 4.2.2.1-7 所示。

4.2.2.2　生物安全柜的现场位置要求

生物安全柜的现场位置应避免送风口对生物安全柜吸入水平气流造成横向或纵向干

扰，核心工作间气流组织应与BSC操作窗口吸入气流方向一致，如图4.2.2.2所示。

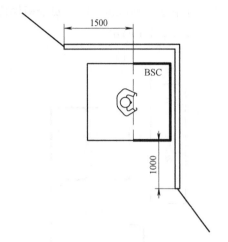

图 4.2.2.1-7　安全柜与房门距离示意图

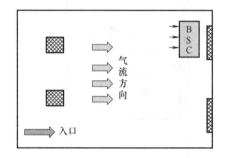

图 4.2.2.2　房间定向流与 BSC 操作窗口吸入气流方向一致示意图

4.2.3　排风连接方式要求

GB 50346—2011 规定了不同级别、种类生物安全柜与排风系统的连接方式，如表4.2.3所示。A2 型生物安全柜为30%外排，常见问题为安全柜排风方式问题。A2 型安全柜可以外接排风风管（风管直连）；也可以向室内排风，此时要求 A2 型生物安全柜的排风口紧邻房间排风口，或通过连接排风风管的局部排风罩（即喇叭口）的形式罩住安全柜排风口。

不同级别、种类生物安全柜与排风系统的连接方式　　　　　　　表 4.2.3

生物安全柜级别		工作口平均进风速度（m/s）	循环风比例（%）	排风比例（%）	连接方式
Ⅰ级		0.38	0	100	密闭连接
Ⅱ级	A1	0.38～0.50	70	30	可排到房间或套管连接
	A2	0.50	70	30	可排到房间或套管连接或密闭连接
	B1	0.50	30	70	密闭连接
	B2	0.50	0	100	密闭连接
Ⅲ级		—	0	100	密闭连接

4.2.4　ⅡB2 型生物安全柜气流控制模式

与 A2 型生物安全柜不同，ⅡB2 型生物安全柜为柜内单向流的全新风系统，对操作人员和样品保护安全度更高，在高等级生物安全实验室中得以广泛应用。目前国家规范要求系统运行时确保生物安全柜与实验室送排风系统之间的压力关系和必要的稳定性，并应在启动、运行和关停过程中保持有序的压力梯度。由于高等级生物安全实验室围护结构严密性较高，而安全柜排风量较大，因此在实际应用过程中，安全柜的启停以及排风机发生故障及自动切换，均会导致实验室排风量的瞬时剧烈变化，如控制不力，往往会对其所在的核心工作间压力波动产生较大影响，甚至可能导致安全柜内空气外溢以及实验室出现短时正压，从而形成人员安全以及环境安全隐患。因此，有必要对ⅡB2型生物安全柜在高级别生物安全实验室中的气流控制模式进行研究探讨。

4.2.4.1　工作原理及常见设计参数需求

1. ⅡB2型生物安全柜工作原理

ⅡB2型生物安全柜正常运行时由室内进风（见图4.2.4.1）。室内空气自工作窗口和柜顶进风口进入生物安全柜腔体，过滤后经与安全柜出风口密闭连接的管道排出室外。目前国内排风接管的常规做法分为两类：（1）安全柜排风经管道接入实验室大排风系统，一并排出；（2）安全柜排风接独立排风机，单独排出室外，与实验室排风系统分设。

2. 常见设计参数需求

与通风系统相关的ⅡB2型生物安全柜设计参数主要包括安全柜排风量及其额定阻力。需要注意窗口进风应在窗口高度不超过200mm时平均风速不小于0.5m/s。如条件允许，应尽可能在设计阶段即确定设备厂家，这样安全柜排风量可根据厂家提供的额定风量，再考虑一定余量得出。另一个需要特别强调的参数是安全柜额定阻力，作为系统排风机压头选型计算的主要参数之一往往易被设计人员忽略，美国标准最小建议值为375Pa，国内常见设备厂家的产品为500～800Pa不等。

图 4.2.4.1　ⅡB2型生物安全柜工作原理示意图

4.2.4.2　常见气流控制模式研究

笔者对已通过检测验收的22个（A）BSL-3实验室项目共计79台ⅡB2型生物安全柜的气流控制模式进行了统计分析，基本可将其划分为三种控制模式：变送定排模式、定送变排模式和变送（双稳态）变排模式。各项目中ⅡB2型生物安全柜情况见表4.2.4.2。

各项目中ⅡB2型生物安全柜控制模式　　　　表4.2.4.2

项目编号	项目类别	房间送风形式	房间排风形式	BSC排风形式	BSC数量（台）	检测时间
1	BSL-3	变	定	定	4	2016年
2	ABSL-3	变	定	定	2	2016年
3	ABSL-3	变	定	定	2	2016年
4	ABSL-3	变	定	定	9	2016年
5	BSL-3	变	定	定	2	2015年
6	BSL-3	变	定	定	4	2013年

项目编号	项目类别	房间送风形式	房间排风形式	BSC排风形式	BSC数量(台)	检测时间
7	ABSL-3	变	定	定	1	2012年
8	BSL-4	定	变	定	8	2017年
9	ABSL-3	定	变	定	3	2016年
10	BSL-3	定	变	定	1	2016年
11	BSL-3	定	变	定	1	2016年
12	BSL-3	定	变	定	2	2015年
13	ABSL-3	定	变	定	2	2015年
14	BSL-3	定	变	定	2	2015年
15	BSL-3	定	变	定	1	2014年
16	BSL-3	定	变	定	3	2014年
17	ABSL-3	定	变	定	1	2014年
18	ABSL-3	定	变	定	1	2011年
19	ABSL-3	两态	变	定	3	2016年
20	BSL-3	两态	变	定	9	2012年
21	BSL-3	两态	变	定	9	2012年
22	BSL-3	两态	变	定	9	2012年
23	合计				79	

从上表可以看出，50%以上的项目采用了定送变排控制模式，而早期采用的"两态（双稳态）送变排"模式，送风在高态（安全柜开启）或低态（安全柜关闭）时段内是恒定的，其控制核心理念依然是通过排风变风量阀的控制来进行房间压力调节，实质上仍属于定送变排模式。这也基本反映了市面上定送变排模式为ⅡB2型生物安全柜主流控制模式的现状。

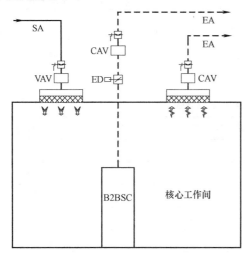

图4.2.4.2-1 变送定排系统原理示意图

1. 变送定排模式

该模式房间送风量可变，通过房间送风主管上的变风量阀（VAV）进行控制；房间排风量恒定，房间排风主管设置定风量阀（CAV）；安全柜排风量恒定，安全柜排风管道设置定风量阀（CAV），变送定排系统原理如图4.2.4.2-1所示。

在核心工作间设压力传感器，根据房间压力传感器调节房间送风主管上变风量阀，通过调节房间送风量来稳定房间压力波动。安全柜启闭时，送风主管上的变风量阀根据安全柜的启闭调节开度，送风机根据设于系统送风总干管的压力传感器调节风机频率，从而增加（开启时）或降低（关闭时）房间内与安全柜排风量相当的送风量，保证在工况转换后房间的压力平稳。

安全柜开启时，根据安全柜窗口限位信号，启动安全柜排风机组及其电动阀门，安全柜瞬时达到其额定排风量，此时房间排风量加大，绝对负压值急剧升高，送风主管上的变风量阀根据房间压力传感器调节开度，增加房间送风，随着送风的加大，系统随之恢复至原有压力范围。安全柜关闭时，以安全柜窗前玻璃门下拉封闭柜体为信号，安全柜排风机组及其电动阀门关闭，送风系统随之进行反向操作。

2. 定送变排模式控制策略

该模式房间送风量恒定，房间排风量可变。定送是保持核心工作房间的送风量和换气次数满足设计和规范的要求。变排是指排风采用 VAV 变风量系统。排风变风量是为了维持房间压差满足规范要求，ⅡB2 型安全柜的排风管采用定风量阀（CAV）控制。房间排风管变风量阀（VAV）根据房间设置的压差要求来调节开度，以满足ⅡB2 型安全柜启闭时对房间压差产生的扰动，满足核心实验室运行的压差要求。定送变排系统原理如图4.2.4.2-2 所示。

3. 变送（双稳态）变排模式

该模式送风设定了高态（安全柜开启）和低态（安全柜关闭）两种风量，通过房间送风主管上的双稳态阀，保证在每一种工况下风量恒定。房间排风管设置变风量阀（VAV），根据房间设置的压差要求来调节开度，以满足ⅡB2 型安全柜启闭时对房间压差产生的扰动，满足核心实验室运行的压差要求。定送变排系统原理如图4.2.4.2-3 所示。

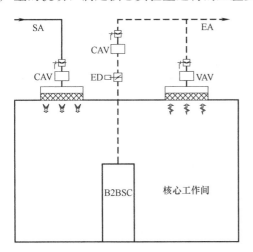

图 4.2.4.2-2 定送变排系统原理示意图

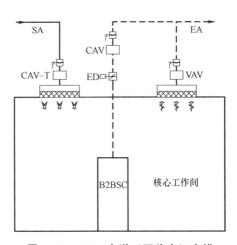

图 4.2.4.2-3 变送（双稳态）变排
系统原理示意图

从控制思路的角度上讲，该模式实质上仍属于定送变排方式。只要送风风阀执行器选型合理、响应及时，根据实测结果来看也是可行的。

4.2.4.3 常见问题

从多个三级生物安全实验室的实测结果来看，上述几种控制模式均有成功和失败案例，并无明显相关性。主要原因在于该类实验室均为全新风系统，与回风系统不同，系统排风与送风是解耦的，因此送、排风是"定"还是"变"不是主要问题，而安全柜启停时室内相应的变风量控制逻辑才是真正的关键。在多项实际检测中，出现较多的问题如下：

1. 排风量不足，安全柜无法正常启动

生物安全柜开启时报警，排风量无法达到安全柜最低风量，设备无法正常开启。如报警持续，则意味着安全柜排风量偏低，需要复核安全柜排风机选型（单接时）或安全柜排风管路的阻力、阀门等情况。如华北地区某BSL-3实验室，安全柜单接排风机组，排风机铭牌全压为1000Pa，但根据现场检测，生物安全柜出口阻力已达800Pa（安全柜额定阻力往往容易被设计人员忽视），高效过滤单元阻力为200Pa，管道长约150m，考虑管道、阀门等沿程和局部阻力，显然压头已无法满足系统要求，排风量无法达到额定值，导致设备无法开启，最终以更换风机作为解决方案。

如报警持续一段时间后停止，则说明系统总排风量是能够满足要求的，但在变风量控制模式上存在一定的时间误差，导致开启之初排风量不足，随着系统慢慢稳定，系统缓慢达到了设定值，这种情况也需要现场调试送、排风阀执行机构的行程调节速度和响应时间，消除启动过程中的报警环节。

2. 切换时出现压差逆转

该类情况是实际工况转换工程中出现最多的一种。其影响因素众多，往往是多种环节互相作用导致的结果。当切换过程某一时段房间送风量超过房间及安全柜排风量之和，实验室即出现绝对压差逆转；当工况转换工程汇总核心工作间负压风量与其相邻的缓冲间负压风量不匹配时，即会出现相对压差逆转。这两种逆转尤其是绝对正压逆转大大增加了实验室使用的生物安全风险，均为检测及CNAS认可时现场主要考察项目。各项目安全柜启闭时工况转换现场检测的压差逆转情况见表4.2.4.3。

各项目安全柜启闭时工况转换检测压差逆转情况 表4.2.4.3

项目编号	项目类别	房间送风形式	检测时	现场调试后	备注
1	BSL-3		关闭时绝对逆转	无逆转	将送、排风阀同时动作改为送风VAV优先动作，且增加VAV关小时执行幅度，安全柜排风延时关闭
2	ABSL-3		无逆转	无逆转	
3	ABSL-3		关闭时相对逆转	关闭时相对逆转	阀门响应不及时（>3s），现场调试后将逆转时间控制在1min以内
4	ABSL-3	变送定排	关闭时相对逆转	关闭时相对逆转	阀门响应不及时（>3s），现场调试后将逆转时间控制在1min以内
5	BSL-3		开启时绝对逆转	无逆转	将送、排风阀同时动作改为送风VAV滞后动作，且减小VAV开大时执行幅度，缓慢补风
6	BSL-3		关闭时绝对逆转	无逆转	阀门响应不及时（>3s）；仅调节送/排风阀执行程序无效；更换快速阀并调试后重测
7	ABSL-3		无逆转	无逆转	

续表

项目编号	项目类别	房间送风形式	检测时	现场调试后	备 注
8	BSL-4		关闭时相对逆转	无逆转	将安全柜排风 CAV 和房间排风 VAV 同时动作改为房间 VAV 优先动作,且增加 VAV 开大时执行幅度,安全柜保持部分常排风量
9	ABSL-3		无逆转	无逆转	
10	BSL-3		关闭时绝逆转	关闭时相对逆转	阀门响应不及时(>3s),现场调试后将逆转时间控制在 1min 以内
11	BSL-3		关闭时绝对逆转	关闭时相对逆转	阀门响应不及时(>3s),现场调试后将逆转时间控制在 1min 以内
12	BSL-3		关闭时相对逆转	关闭时相对逆转	阀门响应不及时(>3s),现场调试后将逆转时间控制在 1min 以内
13	ABSL-3	定送变排	关闭时绝对逆转	无逆转	阀门响应不及时(>3s);仅调节送/排风阀执行程序无效;更换快速阀并调试后重测
14	BSL-3		关闭时相对逆转	无逆转	房间排风 VAV 优先动作且增加阀门开大时执行幅度
15	BSL-3		关闭时相对逆转	无逆转	增加房间排风 VAV 开大时执行幅度,且安全柜保持部分常排风量
16	BSL-3		无逆转	无逆转	
17	ABSL-3		关闭时绝对逆转	无逆转	阀门响应不及时(>3s);仅调节送/排风阀执行程序无效;更换快速阀并调试后重测
18	ABSL-3		关闭时相对逆转	无逆转	房间排风 VAV 优先动作且增加开大时执行幅度,安全柜保持部分常排风量
19	ABSL-3		关闭时绝对逆转	无逆转	阀门响应不及时(>3s);仅调节送/排风阀执行程序无效;更换快速阀并调试后重测
20	BSL-3	变送(两态)变排	关闭时绝对逆转	无逆转	送、排风阀同时动作改为送风两态阀优先动作
21	BSL-3		开启时绝对逆转	无逆转	送、排风阀同时动作改为送风两态阀滞后动作,且减小 VAV 开大时执行幅度
22	BSL-3		开启时绝对逆转	无逆转	送、排风阀同时动作改为送风两态阀滞后动作,且减小 VAV 开大时执行幅度

从表 4.2.4.3 可以看出,逾 80% 的实验室工况转换时均存在不同程度的压差逆转的情况,主要问题集中在送、排风阀的控制逻辑及其执行速度和响应时间。部分实验室在现场调试无效后需要采取更换阀门等措施进行整改,个别实验室项目甚至仅能将时间控制在 1min 内,无法根本解决相对压差的逆转问题。

3. 切换时负压过大

过大的负压对实验室围护结构的气密性和稳定性提出了较大的挑战，由于负压过大，房间洁净度难以保证；较大的压力波动也致使房间围护结构瞬时过渡收缩膨胀，对目前主流的彩钢板围护结构而言极易产生破坏性后果。

4. 多台安全柜切换时系统紊乱

部分相对特殊的项目，在一间核心工作间内设置多台Ⅱ B2 型生物安全柜或一个系统内多个核心工作间均设有Ⅱ B2 型生物安全柜，同时启停多台Ⅱ B2 型生物安全柜会瞬时出现巨大的风量变化，如果系统阀门切换不及时，往往容易产生房间压差梯度紊乱的现象。

4.2.4.4 优化解决方案

1. 阀门的预设动作和快速响应

不论何种控制模式，如在安全柜启闭的整个过程中出现送风量大于排风量的情况，则出现压差逆转；如果排风量远大于送风量，则出现房间瞬时绝对负压值过大情况。因此，送、排风阀在安全柜启闭过程中动作顺序及执行速度对保证系统压力的平稳过渡起到非常关键的作用。由表 4.2.4.4-1 可以看出，送风变化往往更多导致压差逆转，这是因为安全柜的启闭本身已经对排风产生了较大影响，同时又伴随着送风较大的波动，同一时刻送、排风均需控制。如控制不力，则更易出现送、排风瞬时不匹配的情况。通常，实验室在整个工况转换过程中需把握两个要点：任何时间房间必须处于负压，即送风量小于排风量；安全柜仅有排风。因此，房间送、排风阀的控制逻辑应围绕任何时间均保证房间送风滞后且小于排风展开。表 4.2.4.4-1 为根据现场检测经验给出的送、排风阀预设动作顺序的优化策略建议。

送、排风阀预设动作顺序优化策略   表 4.2.4.4-1

形式	安全柜动作	优化解决策略
变送定排	开启	安全柜阀快速开启，送风变风量阀滞后动作，缓慢补风
	关闭	送风变风量阀优先快速动作（关小），安全柜阀门延时缓慢关闭
定送变排	关闭	优先快速动作（开大）房间排风变风量阀，待安全柜开启后根据房间压差调整

表 4.2.4.3 同时对阀门响应不及时的情况做出统计，可以看出阀门的响应速度对工况顺利转换的制约是决定性的。接近一半的项目由于阀门响应不及时而无法根除相对逆转的情况，个别项目甚至由于无法解决绝对逆转情况而更换快速阀门。目前国内常用的主流定、变风量控制阀门为蝶阀和文丘里阀两种类型，蝶阀通常采用"测量—比对—执行"的闭环控制方式，响应时间平均 2~3s。文丘里阀采用前馈控制方式，最快的响应时间可在 1s 以内（价格较贵）。笔者认为，选择何种类型阀门可在设计阶段根据项目规模、投资、复杂程度和要求进行评估，但选择快速响应阀门是毫无疑问的，根据现场实测经验来看，建议响应速度不要超过 2s。

由于变风量控制多采用 PID 控制调节模式，送风量往往会围绕排风量振荡收敛，这意味着控制逻辑决定了某一时刻难免会出现送风量大于排风量的现象，因此在实测过程中多数情况下会出现瞬时压差逆转情况。在调试过程中，应通过设置合理的阀门动作顺序和减少阀门响应时间来保证核心工作间不出现绝对压差逆转,而核心工作间与其相邻缓冲间的相对压差逆转,也应控制在 1min 内。如某大(中)型动物 ABSL-3 实验室采用变送定排模式,其中某一核心工作间工况转换(ⅡB2 型生物安全柜开启)时实测压力记录见表 4.2.4.4-2。

某核心间工况转换(ⅡB2 型生物安全柜开启)时压力波动记录　表 4.2.4.4-2

时间	阶段	绝对压力(Pa)	与相邻缓冲相对压差(Pa)	备　注
—	系统稳定运行安全柜未开启	−75	−30	稳定后实测值
9:27:00	安全柜开启	−75	−30	根据安全柜窗口限位信号
9:27:05	安全柜开启	−187	−13	安全柜电动阀门、排风机开启
9:27:20	安全柜运行	−13	+5	排风稳定,送风变风量阀开度增大中
9:27:35	安全柜运行	+16	+22	排风稳定,送风变风量阀开度最大,回调中
9:28:20	安全柜运行	−73	−25	排风稳定,送风振荡收敛,趋于稳定

从表 4.2.4.4-2 可以看到,在生物安全柜开启过程中,均出现绝对和相对压差逆转,现场判断主要由两方面原因构成:送、排风阀同时动作,瞬时风量不匹配;控制风阀响应速度过慢。现场改变控制策略:首先快速启动安全柜排风阀门,将送、排风阀同时动作改为送风 VAV 滞后动作,且减小 VAV 开大时执行幅度,缓慢补风。通过调试消除了相对逆转,但仍无法解决绝对压差逆转。最终将变风量阀更换为响应时间不超过 1s 的快速阀,并对系统送排风控制系统重新进行了调试,才同时杜绝了相对和绝对压差逆转。两周后重测结果见表 4.2.4.4-3。

更换快速响应阀并重新调试后该核心间工况转换(ⅡB2 型生物安全柜开启)时压力波动记录
表 4.2.4.4-3

时间	阶段	绝对压力(Pa)	与相邻缓冲相对压差(Pa)	备　注
—	系统稳定运行安全柜未开启	−75	−30	稳定后实测值
14:00:00	安全柜开启	−75	−30	根据安全柜窗口限位信号
14:00:10	安全柜开启	−150	−10	安全柜电动阀门、排风机开启
14:00:30	安全柜运行	−13	−5	排风稳定,送风变风量阀开度最大
14:00:50	安全柜运行	−70	−25	排风稳定,送风振荡收敛,趋于稳定

实践证明,采用快速响应阀门,并在此基础上设置合理的阀门动作顺序,可以在安全柜开启和关闭的整个工况转换工程中避免出现绝对和相对压差逆转。

2. 优化操作模式和设备性能

在实际检测中发现,良好的安全柜操作习惯对系统的稳定性也具有一定影响。瞬间较大的风量波动要靠系统的复杂控制和阀门的快速响应去抵消，但如果整个启闭动作在一个相对缓慢的过程中平稳进行，则即使在不太理想的现场条件下，压力波动也可能被适当控制在一个可接受的范围内。事实上如果启闭时间足够长，让波动风量带来的压差影响慢慢被消化，则系统稳定性将大大提高！这要求使用人员摸索和制定合理的操作规程，尽量避免快速拉起或关闭窗口玻璃而引起瞬时的风量巨变。

现实中，生物安全柜保持部分排风常量也是很多实验室采用的稳定工况的做法之一。这一思路借鉴了大量的理化实验室中有大排风要求的通风橱的控制模式：即使在未使用ⅡB2型生物安全柜时也依然保持安全柜一定的排风量。规范强调了"不得只利用生物安全柜或其他负压隔离装置作为房间排风出口"，但并未规定当房间设有明确的排风口和排风量时，生物安全柜不能在非工作时段保持一定的排风量。事实上目前国内外很多厂家均生产了保证最小排风量的生物安全柜，在关闭安全柜内自带风机且拉下工作面窗口玻璃后，依然留有一定缝隙，允许部分甚至全部额定排风经系统排风机排出。此时，所谓的生物安全柜关闭状态，其实质应该是生物安全柜自带的顶部引风机关闭，保证不会有气体外溢，整个生物安全柜可以理解为一个负压排风通道。

例如北京某三级生物安全实验室单人ⅡB2型生物安全柜排风量为1500m³/h，其在非开启状态（低态）时亦保持1000m³/h的排风量，则当安全柜开启达到工作状态时的压力波动风量仅为500m³/h，相比于将生物安全柜从完全关闭状态开启所带来的1500m³/h的波动风量要小得多，系统的稳定性大大增强。当然该方法也存在降低生物安全柜高效过滤器寿命的缺点。一个极端的做法是，永远保持生物安全柜的开启状态，仅和实验室系统同步启闭，这样就不存在工况转换问题。只要系统运行是稳定的，所有和安全柜相关环节就是稳定的，这种做法会大大增加安全柜内风机、高效过滤器等重要组件的消耗，缩减使用寿命，同时能耗永远处于最高状态，采用较高代价来回避问题，不是一个应该被提倡的解决思路。

3. 定送变排，安全柜排风等量切换模式探讨

通过对大量工程项目的实证分析可以看出，对于围护结构严密性较高的实验室而言，风量变化是干扰压力波动的最大因素。因此，在工况转换时如何降低甚至消减波动风量并配合以成熟稳定的控制程序，是解决ⅡB2型生物安全柜气流稳定的最根本途径。当然前已述及，为达到稳定效果而以设备的高损耗和系统高能耗为代价，放任安全柜乃至整个通风空调系统的持续高态不是解决问题的逻辑，生物安全与系统的科学性和经济性永远需要一个合理的平衡。这里结合笔者团队多年来设计和检测的工程实践经验，提出定送变排，安全柜排风等量切换模式思路。该模式目前在国内生物安全实验室已被少量采用并逐步被人们所接受，但通过电动阀控制，将房间排风和设备排风根据设备启停做等量切换的方式实际上早已大量运用于制药、军工等有洁净、压力要求的洁净室领域，由于对应性强、控制清晰、方法简单，具有较强的适用性。

（1）系统模式及控制思路

该模式房间送风量恒定，房间排风量可变，但无论ⅡB2型生物安全柜是否开启，与其相关联的排风量（与房间排风口切换）恒定。定送是保持核心工作房间的送风量和换气次数满足设计规范的要求。变排是指ⅡB2型生物安全柜排风采用CAV定风量系统，核心间一部分排风采用VAV变风量阀，调节维持房间压差满足规范和设计要求。

因此，该模式下房间排风由两部分组成：1）ⅡB2 型生物安全柜排风与房间内对应的同风量（调试获得）高效排风口排风并联接入同一支干管，经定风量阀（CAV）接入总排风系统，此部分排风量恒定，且独立于房间排风，根据安全柜的启闭切换设在两个支管上的电动密闭阀；2）在各房间排风总管上设置变风量阀（VAV），房间设置对大气的压力传感器，根据压力传感器实测值调节排风变风量阀开度，以满足房间设定压力的要求。系统原理图如图 4.2.4.4-1 所示。

当ⅡB2 型生物安全柜开启时，该生物安全柜排风管上的电动密闭阀开启，与之对

图 4.2.4.4-1　定送变排，安全柜排风等量切换系统原理示意图

应的房间排风管上密闭阀关闭；反之，当ⅡB2 型生物安全柜关闭时，该生物安全柜排风管上的电动密闭阀关闭，与之对应的房间排风管上电动密闭阀开启。

在实际调试及运行过程中，为了更加稳妥地保证工况转换时的绝对负压效果，两个对应电动阀门的控制逻辑往往并非同时反向工作，而是先将关闭的阀门开启，待两个阀门均处于完全开启状态后，再关闭另一个阀门。这样即可避免阀门反向操作时可能带来的瞬时负压风量变小的情况。另外，为了保证房间绝对压差和相对压差的平衡和稳定，房间排风管设置变风量 VAV 阀门，根据房间设置的压差要求来调节 VAV 开度，以满足ⅡB2 型生物安全柜启闭时对房间压差产生的微小波动，满足核心实验室运行的压差要求。

图 4.2.4.4-2 为笔者团队设计的哈尔滨某研究所三级生物安全实验室项目中一间设有ⅡB2 型生物安全柜的核心工作间排风接管图。该项目的特点是实验室房间小，却存在大量排风设备，为了保证压力稳定，该项目采取了定送变排，安全柜排风等量切换的控制思路，在实际调试过程中，大大降低了调试难度，保证了工况转换时系统压力的稳定。

（2）比较优势分析

由于在该种方式下ⅡB2 型生物安全柜的开启和停止对房间内的压差变化只会产生很小的影响，因此本方案具有较高的稳定性，对于面积较小却具有 2 台及以上ⅡB2 型生物安全柜的核心工作间更具适用性。整个系统在ⅡB2 型生

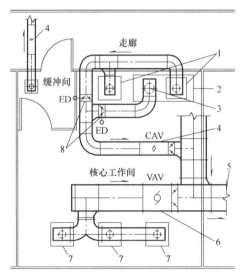

图 4.2.4.4-2　某东北地区三级实验室排风接管平面图（局部）

1—与安全柜切换的房间高效排风口；
2—ⅡB2 型生物安全柜；3—生物安全柜排风；
4—定风量阀（CAV）；5—接排风机组；
6—变风量阀（VAV）；7—房间高效排风口；
8—切换电动阀

物安全柜启动和停止运行过程中，都能保证核心工作间送风量和压差梯度的平衡和稳定，避免生物安全柜开启时的风量调节报警和房间压差逆转报警。

相较于前几种方案，本方案减少了 VAV 调节阀门的数量，同时也降低了 VAV 阀门型号规格，较为经济。阀门调节幅度较小，调整频次较低，不论是对 VAV 阀门的投资还是对阀门的寿命都有益处。更主要是能最大限度地满足核心工作间各种工况的切换要求。

4.2.4.5　小结

（1）从工程实例来看，变送定排模式，定送变排模式，变送（双稳态）变排模式均能通过检测验收，但也均有不足。送、排风阀的控制逻辑及其执行速度和响应时间不合理是工况转换时出现压差逆转的主要原因和控制难点。

（2）合理预设阀门动作顺序、采用快速响应阀门、保持安全柜一定的排风常量及制定合理的安全柜操作规程等均可一定程度优化或解决安全柜启闭时压差逆转情况。

（3）对于围护结构严密性较高的实验室而言，风量变化是干扰压力波动的最大因素。因此，在工况转换时如何降低甚至消减波动风量并配合以成熟稳定的控制程序，是解决ⅡB2 型生物安全柜气流稳定的最根本途径。也是"定送变排，安全柜排风等量切换模式"的控制理念。

（4）"定送变排，安全柜排风等量切换模式"具有投资经济、系统稳定等特点，特别是对于面积较小却具有多台大排风设备的实验室更具适用性。可通过深化研究和完善后进一步推广。

4.3　动物隔离设备

4.3.1　概述

动物隔离设备按腔体内的正负静压差可分为正压型实验动物隔离装置、负压型实验动物隔离装置两大类。正压型实验动物隔离装置是指相对于外部环境，其内部为正压的实验动物隔离装置；负压型实验动物隔离装置是指相对于外部环境，其内部为负压的实验动物隔离装置。生物安全实验室主要使用负压隔离器，通常高等级生物安全实验室安装负压动物隔离器进行感染动物的饲养和实验。

动物隔离设备按腔体密封程度可分为非气密型实验动物隔离装置、气密型实验动物隔离装置两大类。非气密型实验动物隔离装置是指在封闭送、排风口的状态下，围护结构为非密闭结构的实验室动物隔离装置，如图 4.3.1-1 所示；气密型实验动物隔离装置是指在封闭送、排风口的状态下，围护结构为密闭结构且符合相关气密性能要求的实验室动物隔离装置，如图 4.3.1-2。

非气密式实验动物隔离器与气密式实验动物隔离器的区别主要在于设备结构、消毒方式、气密性要求方面，具体见表 4.3.1 所述。

图 4.3.1-1　非气密式实
验动物隔离设备实物图

图 4.3.1-2　气密式实
验动物隔离设备实物图

非气密式实验隔离器与气密式实验隔离器主要区别　　　　　　表 4.3.1

防护性能分类	设备结构	消毒方式	气密要求
非气密式	开放式或半开放式(操作时可打开)	可以不与消毒设备连接,可以采用局部喷雾消毒	无气密性要求
气密式	全封闭式(手套箱型或半身头盔型),必须通过袖套操作	直接与消毒设备相连,进行原位整体消毒	满足《密封箱室密封性分级及其检验方法》EJ/T 1096(等同采用 ISO 10648)中规定的二级或三级密封箱室的气密性要求

动物隔离设备按用途可分为动物饲养隔离器与动物手术隔离器两种;根据动物种类分类,动物隔离器可分为鸡隔离器、猪隔离器、猴隔离器、兔隔离器、啮齿类隔离器动物等;根据动物微生物学级别分类,隔离器可分为 SPF(无特定病原体)级隔离器和 GF(无菌)级隔离器;根据材质分类,隔离器可分为金属(不锈钢、铝合金等)隔离器、玻璃钢(玻璃纤维及高分子树脂制成)隔离器、塑料隔离器。

4.3.2　实验室设计中应注意的问题

动物隔离设备在实验室设计中应注意的问题与生物安全柜类似,即现场安装位置、预留排风接口等问题。有关现场安装位置要求可参照生物安全柜的安装位置要求,其安装位置应位于排风口侧,即核心工作间的污染区。动物隔离设备的排风连接方式一般为外接排风风管方式,应关注动物隔离设备排风之后(软连接)管道的气密性问题,如图 4.3.2 所示。

图 4.3.2 动物隔离设备排风接管气密性问题

4.4 独立通风笼具（IVC）

4.4.1 概述

独立通风笼具（Individually VEntilatEd CagEs，IVC）属于动物隔离设备的一种，主要用于小型啮齿类实验动物（小鼠或兔等）的饲养，具有节约能源、设备维护和运行费用低、防止交叉感染等优点，已越来越多地应用在动物实验室中。

IVC 具有独立的饲养笼具及送、排风系统，能为饲养动物提供相对独立的生存环境，IVC 系统主要由动物饲养笼盒、笼架、IVC 控制系统、温湿度、风量及静压差等监控系统、送风系统及排风系统等组成，如图 4.4.1 所示。

图 4.4.1 IVC 隔离笼具实物图

4.4.2　设计中应注意的问题

对于 IVC 而言，生物安全实验室建设阶段需要考虑的主要问题有：IVC 类型选择、排风连接方式、设备安装位置等。

生物安全实验室主要使用负压 IVC 隔离笼具，笼盒气密性应符合《实验室设备生物安全性能评价技术规范》RB/T 199—2015 的要求，但在实际工程项目中，有的实验室在采购 IVC 时并未对设备供货商提出笼盒气密性要求，致使 IVC 不能通过检测验收和认证认可。IVC 排风连接方式，一般为外接排风风管方式，其安装位置应位于排风口侧，即核心工作间的污染区。与动物隔

图 4.4.2　独立通风笼具排风
接管气密性问题

离设备排风管连接相似，应关注独立通风笼具排风之后（软连接）管道的气密性问题，如图 4.4.2 所示。

4.5　压力蒸汽灭菌器

4.5.1　概述

压力蒸汽灭菌器是高级别生物安全实验室必备的设备之一，也是重要的生物安全装备之一，其作用是对实验室中病原微生物操作过程中产生的生物危险废物进行灭菌处理。生物安全实验室中常用的压力蒸汽灭菌器通常分为立式压力灭菌器和双扉压力蒸汽灭菌器，如图 4.5.1-1 所示。立式压力灭菌器通常在实验室核心工作间配置，容量较小，适用于就地对生物危险废物进行消毒灭菌。双扉压力蒸汽灭菌器通常设置于实验室防护区和非防护区之间，用于对实验室所有污染物进行灭菌处理，确保实验室产生的危险废物离开实验室时进行有效灭菌，对环境进行保护。

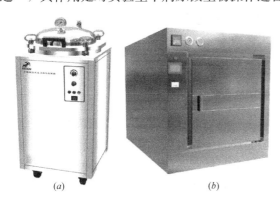

(a)　　　　　　　(b)

图 4.5.1-1　压力蒸汽灭菌器实物图
(a) 立式压力灭菌器；(b) 双扉压力蒸汽灭菌器

《实验室生物安全通用要求》GB 19489—2008 规定高等级生物安全实验室应在防护区内设置生物安全型高压蒸汽灭菌器，实验室产生的固体废弃物或少量液体废弃物可经实验室专用高压灭菌器灭活后排出。生物安全型压力蒸汽灭菌器在设计制造和使用

方面有特殊要求，生物安全型高压蒸汽灭菌器实物如图 4.5.1-2 所示。

图 4.5.1-2　生物安全型高压蒸汽灭菌器实物图

生物安全型压力蒸汽灭菌器与一般压力蒸汽灭菌器的主要区别在于以下两个方面：

1. 灭菌室腔体内气体必须经过高效过滤处理后排放

生物安全型压力蒸汽灭菌器的灭菌室腔体底部的排放口用于蒸汽和冷凝水排放，蒸汽通过腔体底部的排放口进入，同时对冷凝水进行消毒灭菌，所有的冷凝水一直留存在腔体内和装载的物品一起被灭菌。冷凝水发生在灭菌过程第三步——灭菌阶段。该阶段蒸汽持续进入灭菌室腔体，腔内压力和温度同时上升，并根据预设的程序在121℃处保持30min。在此过程中，腔中蒸汽不断放热并液化成水，高温高压的蒸汽通过灭菌室蒸汽阀补充进去维持腔内温度和压力，腔体内所有菌体将被彻底杀灭。

2. 冷凝水必须经过高温高压消毒灭菌后排放

高等级生物安全实验室防护区一侧的门在开门时可能会有含病原微生物的空气进入高压灭菌器腔体，因此在抽真空时腔体内气体必须经过高效过滤后方可排出，高效过滤器在每个灭菌循环都被灭菌。腔体抽真空发生在灭菌过程第一步——负脉冲阶段。该阶段真空泵通过灭菌室腔体底部的冷凝水排放口把腔体抽至近真空（0.15bar），腔体内气体经冷凝器冷却后经高效过滤器过滤后排出，接着灭菌室蒸汽阀打开，当腔体内蒸汽压力达到0.8bar 左右时，真空泵再次启动将其抽至近真空。如此反复抽放三次可基本抽空灭菌室内原有空气，降低其不冷凝气体含量，提高灭菌效果。

4.5.2　工作原理

目前国际上高压灭菌器广泛采用的处理方法是高温高压灭菌法。高温灭菌消毒的原理是高温对微生物具有明显的致死作用，用高温处理微生物时可对菌体蛋白质、核酸、酶系统等产生直接破坏作用，可使蛋白质中的氢键破坏，从而使蛋白质变性和凝固，使酶失去活性，导致菌体死亡。高温灭菌消毒具有效果可靠、性能稳定、对自然环境无污染的优点。

生物安全型脉动真空灭菌器主要由灭菌室腔体、夹套、蒸汽发生器、真空泵、软化水泵、腔门及密封圈、管路系统、空气过滤器、电气及控制系统等组成。压力蒸汽灭菌器可根据生物安全实验室需求，设置多个灭菌程序，分别为固体灭菌、敞开液体灭菌、封口液体灭菌、密封测试、过滤器消毒、橡胶塞灭菌、常规121℃灭菌、BD测试程序。

4.5.3 设计与建设中应注意的问题

对于压力蒸汽灭菌器而言，生物安全实验室设计与建设阶段需要考虑的主要问题有：压力蒸汽灭菌器类型选择、设备安装位置等。

1. 选型问题

高等级生物安全实验室内使用的压力蒸汽灭菌器必须选择生物安全型灭菌器，而非一般压力蒸汽灭菌器，这一点需特别予以注意。

2. 设备安装位置问题

《实验室生物安全通用要求》GB 19489—2008 对压力蒸汽灭菌器安装位置的条文要求汇总如表 4.5.3 所示。

GB 19489—2008 有关压力蒸汽灭菌器要求　　　　　表 4.5.3

条文号	压力蒸汽灭菌器位置要求	备注
6.3.5.1	应在实验室防护区内设置生物安全型高压蒸汽灭菌器。宜安装专用的双扉高压灭菌器，其主体应安装在易维护的位置，与围护结构的连接之处应可靠密封	适用于三、四级生物安全实验室
6.3.5.3	高压蒸汽灭菌器的安装位置不应影响生物安全柜等安全隔离装置的气流	
6.4.6	应在实验室的核心工作间内配备生物安全型高压灭菌器；如果配备双扉高压灭菌器，其主体所在房间的室内气压应为负压，并应设在实验室防护区内易更换和维护的位置	适用于四级生物安全实验室

4.6 气（汽）体消毒设备

4.6.1 概述

生物安全实验室在一个试验周期完成后，需要对整个实验室进行消毒灭菌，可靠的消毒灭菌方式能够有效杀灭病原微生物，保证实验室的生物安全。目前，生物安全实验室房间消毒主要采用化学气体熏蒸消毒，常用的消毒剂包括甲醛、过氧化氢、福尔马林、二氧化氯等。由于甲醛被对人体危害大、难清除且消毒周期长，目前国内高级生物安全实验室主要采用气化过氧化氢（H_2O_2）、二氧化氯（ClO_2）进行消毒，图 4.6.1 为国内某高级生物安全实验室使用的气体消毒设备。

4.6.2 消毒剂选择

目前，国内外主要应用的气体消毒剂有甲醛、气体二氧化氯和气化过氧化氢。甲醛的消毒效果好、经济性好，缺点是毒性大、不环保、需要中和、消毒程序相对复杂、有残留

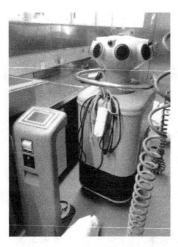

图 4.6.1　气体消毒设备实物图

物。二氧化氯是目前世界卫生组织确认的一种安全、高效、广谱、强力杀菌剂，我国化工学会二氧化氯专家组也已建议将二氧化氯作为首选消毒剂。由于一般设备制备的气体二氧化氯中往往含有酸性气体，对实验室及仪器设备腐蚀较大，限制了该方法的使用。近年来，已有了商品化的可制备纯度很高的气体二氧化氯的消毒装置，但价格较高。过氧化氢在室温下为液态，沸点为 109℃，要产生气化过氧化氢，需要对液态过氧化氢进行高温加热。对大空间消毒，一般需要对气化过氧化氢送入管道进行电加热或保温处理。高温的气化过氧化氢进入房间后会恢复原始状态——液态浓缩物，因此在能否穿透 HEPA 过滤器方面尚有争论。此外，过氧化氢消毒设备价格和使用成本也很高。

4.6.3　密闭熏蒸消毒

1. 原理及特点

密闭熏蒸消毒模式如图 4.6.3-1 所示，其工作原理为：以实验室房间为单元，关闭送排风机组、风管密闭阀和实验室门，使实验室处于密闭状态，在房间内发生消毒剂气体或在房间外发生消毒剂气体通过专用消毒管道注入实验室。

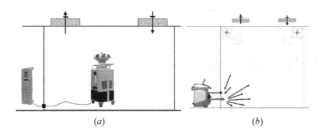

(a) (b)

图 4.6.3-1　密闭熏蒸消毒示意图
(a) 房间内发生消毒剂气体；(b) 房间外发生消毒剂气体送入室内

图 4.6.3-1 (a) 消毒方式的工作原理为：将消毒设备主机推进待消毒的实验室内，微电脑控制台放置在辅助区某房间内，数据线经墙体预留的孔洞穿管接出或通过传递窗接出，传递窗周边缝隙用无残留胶布密封。

图 4.6.3-1 (b) 消毒方式的工作原理为：消毒设备主机放置于实验室外，将消毒剂气体注入口和气流返回口与墙体上的固有消毒口连接。为保证实验室内消毒气体分布均匀及充分交换，可进一步采用塑料管连接墙体上的消毒剂气体注入口，将塑料管另一端伸入实验室中心位置，高度 50～100cm，注入口与返回口相隔约 2.5m，实验室内两对角放置 2 台可左右旋转的电风扇。该消毒方式也可设置专用消毒管道接入房间顶棚，在顶棚接管处设置专用消毒剂喷头。

对比分析图 4.6.3-1 (a)，(b) 可以看出，图 4.6.3-1 (a) 在消毒时需要将消毒设备主机推入房间，如果考虑不同实验室共用消毒设备，或者对于更高级别的生物安全实验室，建议使用图 4.6.3-1 (b) 所示的密闭熏蒸消毒方式。

密闭熏蒸消毒是目前国内高等级生物安全实验室最常用的消毒模式，该消毒模式以房间为消毒单元，操作灵活、简单，缺点是当更换消毒房间时，需要人员进出实验室防护区（图 4.6.3-1 (a) 的方式需要进入核心工作间，图 4.6.3-1 (b) 的方式需要进入防护走廊）移动消毒设备，增加了工作量和安全防护难度。

2. 存在的问题

笔者调研了国内多家高等级生物安全实验室使用单位，发现存在的困惑是：当采用密闭熏蒸消毒时，若存在多个核心工作间，当没有多个消毒设备可以同时进行消毒时，消毒中、消毒后和未消毒的房间存在彼此污染的风险，甚至会污染吊顶、外围走廊等周围环境。进行密闭熏蒸消毒时，从前面消毒剂的分析可以看出：

（1）若采用过氧化氢对房间进行消毒，整个消毒过程室内温度会升高，若采用图 4.6.3-1 (a) 的消毒方式，因房间密闭，室内将出现正压（在室内容积恒定时，室内温度每升高 $1℃$，会导致压力上升 $345Pa$），则未被彻底消毒灭菌的病原微生物存在外泄风险。若采用图 4.6.3-1 (b) 的消毒方式，室外的消毒设备主机抽吸室内空气，处理后再部分循环送入室内，可以控制室内处于微负压，降低病原微生物外泄风险。图 4.6.3-1 (b) 所示的消毒设备自带排风回收净化处理装置，一方面可通过催化剂将过氧化氢气体降解分解（废水排放至废液回收罐），另一方面可通过内置筒式高效过滤器过滤处理潜在的病原微生物，再排放至消毒设备所在的周围环境，以维持消毒房间一定负压差，该高效过滤器在消毒设备内部被消毒灭菌处理。

图 4.6.3-2 给出了某气密性高等级生物安全实验室采用过氧化氢消毒时房间温度的变化曲线，房间温度从消毒开始时的 $19.7℃$ 上升到消毒结束时的 $21.7℃$，升高了 $2℃$。该消毒过程包括准备阶段（预热除湿，10min）、调节阶段（过氧化氢快速注入，8g/min，2h）、消毒阶段（过氧化氢慢速注入，4g/min，1h）、降解通风（停止注入过氧化氢气体后，注入干燥空气继续循环，将实验室内过氧化氢气体体积分数降至 $5×10^{-6}$ 以下），最后开启实验室送排风系统进行置换通风。可以看出，在准备阶段、调节阶段的前 2h 内，室内温度快速上升，若采用图 4.6.3-1 (a) 的消毒方式，室内将出现绝对正压，故该实验室采用了图 4.6.3-1 (b) 的消毒方式，整个消毒过程室内未出现正压。

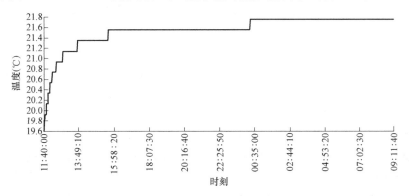

图 4.6.3-2 密闭熏蒸消毒时房间温度变化

（2）若采用二氧化氯对房间进行消毒，消毒过程中需对室内温度、相对湿度进行调节控制，可能会使室内温度升高，压力上升。同上所述，当采用图4.6.3-1（a）的消毒方式时，室内可能会出现正压，未被彻底消毒灭菌的病原微生物存在外泄风险。

（3）若采用甲醛对房间进行消毒，需要维持室内相对湿度在70%左右，室温在20℃以上。因甲醛熏蒸消毒所需时间较长，这一过程中消毒中的房间相对相邻房间、吊顶等周围环境可能会出现正压，未被彻底消毒灭菌的病原微生物存在外泄风险。

以图4.6.3-3所示的某三级生物安全实验室为例，存在4个核心工作间，业主只有1台消毒设备，只能逐一对4个核心工作间进行消毒。假定BSL-3（1）实验室属于消毒后的房间（图中用浅色表示安全），BSL-3（2）为消毒中的房间（图中用白色表示警示），BSL-3（3），BSL-3（4）为未消毒房间（图中用深色表示危险）。类似规模的高等级生物安全实验室往往共用一套通风空调系统，在进行密闭熏蒸消毒时，通风空调系统停止运行，房间送、排风支管上的生物安全密闭阀均关闭，各房间门均关闭，室内相对室外大气的初始静压差均近似为零。

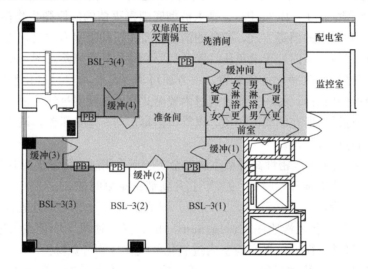

图4.6.3-3 某三级生物安全实验室工艺平面图

对图4.6.3-3中的功能房间进行消毒工况分析可知：

（1）BSL-3（1）实验室属于消毒后的房间，从生物安全风险评估的角度看，该实验室可视作普通区域，在后续其他房间消毒过程中，即使出现正压，也不会出现污染物外泄的隐患。

（2）BSL-3（2）实验室属于消毒中的房间，由于消毒过程时间较长，在此过程中若该房间出现正压，未被彻底消毒灭菌的病原微生物存在外泄至周围环境的风险，即外泄至准备间、吊顶、消毒后的BSL-3（1）实验室等。当然也可能外泄至未消毒房间BSL-3（3），由于该房间后续会进行消毒，除出现交叉污染的风险外，生物安全风险不大。

（3）BSL-3（3），BSL-3（4）实验室属于未消毒的房间，在其他房间的消毒过程中一直处于静止封闭状态，由于消毒过程时间较长，这类实验室存在室内温度升高（尤其是室内含有冰箱、超低温冰箱等散热设备时，以及夏季空调系统停止运行时），进而出现正压的可能，从生物安全风险评估的角度看，存在污染物外泄的隐患。

3. 风险分析

从前面分析可以看出，在密闭熏蒸消毒模式下，消毒中的实验室、未消毒的实验室均存在污染物外泄的风险，因此应根据实际情况进行风险分析，当风险较大时，应采取相关措施降低风险。

对于国内数量众多的常规三级生物安全实验室（《实验室生物安全通用要求》GB 19489—2008 中的 4.4.1，4.4.2 类实验室），在没有意外事故发生时，正常情况下室内被污染的概率较小；实验室密闭熏蒸消毒时从围护结构缝隙泄漏出来的空气量较少，而且大部分实验室在进行密闭熏蒸消毒时，一般都会用胶带密封实验室门缝等可见缝隙来降低泄漏概率。根据国内很多三级生物安全实验室的多年实践，一般情况下密闭熏蒸消毒时上述一些潜在的生物安全风险在可接受范围内。

生物安全防护级别较高的大动物三级生物安全实验室（《实验室生物安全通用要求》GB 19489—2008 中的 4.4.3 类 ABSL-3 实验室）及四级生物安全实验室对围护结构气密性的要求较高，需要进行恒压法、压力衰减法气密性验证，当采用密闭熏蒸消毒模式时，实验室围护结构的高度气密性对降低污染物外泄风险有重要意义。

4.6.4　通风大系统消毒

通风大系统消毒模式如图 4.6.4 所示，其工作原理为：消毒工况下，关闭通风空调系统的送、排风机及送、排风主管上的生物型密闭阀，开启旁通消毒风管（设置在送、排风主管之间）上的生物型密闭阀，启动消毒风机（排风机可兼做消毒风机），在室内或管道上发生或注入消毒剂气体，系统循环运行进行消毒。

通风大系统消毒模式可以对众多房间同时进行消毒，操作简单、方便，整个消毒过程无需人员进出实验室移动消毒设备，大大简化了消毒流程，但该消毒模式对消毒设备发生消毒气体的能力（包括发生浓度、发生速率等）要求较高，应用中受到一定限制。

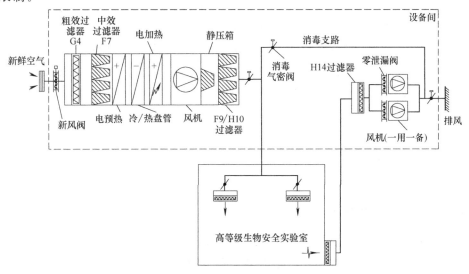

图 4.6.4　通风大系统消毒模式示意图

63

4.7 气密门

4.7.1 概述

高级别生物安全实验室建设过程中，气密性是保证实验室空气洁净度、室内实验人员和室外环境安全的重要手段。气密门是具有气密性要求的高等级生物安全实验室围护结构中不可或缺的重要组成部分，广泛应用于有气密性要求的房间，以保证实验室围护结构的气密性。气密门根据组成结构和工作原理的不同，可分为机械压紧式气密门及充气式气密门两种，如图 4.7.1 所示。

图 4.7.1 气密门实物图

机械压紧式气密门主要由门框、门体、门体密封圈、机械压紧机构和电气控制装置组成，其中密封圈安装在门体上，其工作原理为：门关闭时，通过压紧机构使门与门框之间的静态高弹性密封圈压紧，以使门和门框之间形成严格密封。

充气式气密门主要由门框、门板、充气密封胶条、充放气控制系统等组成，其中充气密封胶条镶嵌在门板骨架的凹槽内。其工作原理为：门开启时，充气膨胀密封胶条放气收缩在凹槽里。门关闭时，充气密封胶条充气膨胀，以使门和门框之间形成严格密封，同时门被紧紧锁住。

4.7.2 设计和建设应注意的问题

4.7.2.1 防护区范围界定

气密门在设计和建设过程中应重点关注的问题是如何确定气密门的使用范围，实验室气密性要求是对实验室防护区的气密性要求。高等级生物安全实验室防护区是实验室区域内生物风险相对较大，需对实验室工艺平面、围护结构气密性、气流组织、人员流线、物品流线、个体防护等进行严格控制的区域。为保证生物安全，应使防护区始终处于相对密封的环境，防止微生物外逸而影响实验室周围环境。防护区范围是设计和建设高等级生物安全实验室时的重要参考指标，需要明确界定。

不同级别实验室的防护区划分不同，《实验室　生物安全通用要求》GB 19489—2008和《生物安全实验室建筑技术规范》GB 50346—2011对高等级生物安全实验室防护区有明确定义，如表 4.7.2.1 所示。

高等级生物安全实验室防护区定义　　　　　　　　　　　表 4.7.2.1

标准	实验室类别	条文号	条文要求
《实验室　生物安全通用要求》GB 19489—2008	ABSL-3	6.5.3.5	适用于 4.4.1 实验室的防护区应至少包括淋浴间、防护服更换间、缓冲间及核心工作间。当不能有效利用安全隔离装置饲养动物时，应根据进一步的风险评估确定实验室的生物安全防护要求
	BSL-4	6.4.3	适用于 4.4.2 的实验室防护区应至少包括防护走廊、内防护服更换间、淋浴间、外防护服更换间和核心工作间
		6.4.4	适用于 4.4.4 的实验室的防护区应包括防护走廊、内防护服更换间、淋浴间、外防护服更换间、化学淋浴间和核心工作间
GB 50346	ABSL-3	4.1.4	ABSL-3 实验室防护区应包括主实验室、缓冲间、防护服更换间等
	BSL-4/ABSL-4	4.1.5	四级生物安全实验室防护区应包括主实验室、缓冲间、外防护服更换间等，设有生命支持系统四级生物安全实验室的防护区应包括主实验室、化学淋浴间、外防护服更换间等，化学淋浴间可兼作缓冲间

由表 4.7.2.1 可以看出，GB 19489—2008 和 GB 50346—2011 对防护区的定义不完全一致，GB 19489—2008 相对明确，建议 GB 50346—2011 和 GB 19489—2008 修订时保持一致。由于我国高等级生物安全实验室实行实验室评审认可制度，由中国合格评定国家认可中心统一管理，该机构制订了《实验室生物安全认可准则》CNAS-CL05，该准则等同采用 GB 19489—2008，所以在设计和建设阶段，宜采用保守做法，按照 GB 19489—2008 的要求确定防护区范围。

4.7.2.2　气密性要求

《实验室　生物安全通用要求》GB 19489—2008 和《生物安全实验室建筑技术规范》GB 50346—2011 对高等级生物安全实验室各区域的气密性有严格的规定，测试方法分为恒压法及压力衰减法 2 类。

1. 恒压法测试

《实验室　生物安全通用要求》GB 19489—2008 第 6.5.3.18 条规定："适用于 4.4.3 的动物饲养间及其缓冲间的气密性应达到在关闭受测房间所有通路并维持房间内的温度在设计范围上限的条件下，若使空气压力维持在 250Pa 时，房间内每小时泄漏的空气量应不超过受测房间净容积的 10%。"

《生物安全实验室建筑技术规范》GB 50346—2011 第 3.3.2 条要求大动物 ABSL-3 实验室的主实验室"房间相对负压值维持在 −250Pa 时，房间内每小时泄漏的空气量不应超过受测房间净容积的 10％"，以下将该测试方法简称为"恒压法－250Pa"。

对比分析 2 个标准可以看出，GB 19489—2008 的气密性要求涉及动物饲养间及其缓冲间，而 GB 50346—2011 仅涉及主实验室（动物饲养间）。目前国内已建的大动物 ABSL-3 实验室都能满足 GB 19489—2008 的要求，建议 GB 50346—2011 在修订时扩充对动物饲养间相邻缓冲间的要求，以实现 2 个标准的统一。

2. 压力衰减法测试

对于 BSL-4 实验室，《实验室　生物安全通用要求》GB 19489—2008 第 6.4.8 条规定："实验室防护区围护结构的气密性应达到在关闭受测房间所有通路并维持房间内的温度在设计范围上限的条件下，当房间内的空气压力上升到 500Pa 后，20min 内自然衰减的气压小于 250Pa。"对于 ABSL-4 实验室，GB 19489—2008 第 6.5.4.6 条规定动物饲养间及其缓冲间的气密性应达到上述气密性要求。

对于 BSL-4/ABSL-4 实验室的主实验室，《生物安全实验室建筑技术规范》GB 50346—2011 第 3.3.2 条要求"房间相对负压值达到－500Pa，经 20min 自然衰减后，其相对负压值不应高于－250Pa"，以下将该测试方法简称为"压力半衰期法－500Pa"。

对比分析可以看出：

（1）《实验室　生物安全通用要求》GB 19489—2008 对 ABSL-4 实验室的气密性要求仅针对动物饲养间及其缓冲间，但对 BSL-4 实验室的气密性要求却针对整个防护区，即对 BSL-4 实验室气密性要求区域更广。事实上，ABSL-4 实验室的风险要大于 BSL-4 实验室，而对 ABSL-4 实验室的气密性要求区域小于 BSL-4 实验室，显然值得商榷。尽管 GB 19489—2008 在第 1 章"范围"中指出"需要时，6.3 和 6.4 适用于相应防护水平的动物生物安全实验"，但该标准在实施过程中还是引起了较大的困惑，这种过于隐含的表达，常规理解就是 ABSL-4 实验室的气密性要求仅针对动物饲养间及其缓冲间。

（2）《生物安全实验室建筑技术规范》GB 50346—2011 中气密性要求仅涉及主实验室，而 GB 19489—2008 中气密性要求区域更广。目前国内已建的 ABSL-4 实验室都能满足 GB 19489—2008 的要求，但已建的 BSL-4 实验室不能满足 GB 19489—2008 对整个防护区的气密性要求，大部分实验室能满足对化学淋浴间和核心工作间的气密性要求，少部分实验室能同时满足对外防护服更换间的气密性要求。由于 BSL-4 实验室外围的防护走廊往往面积较大，围护结构上的门、设备、管道等较多，气密性很难满足标准要求。

建议 GB 19489 在修订时明确指出 ABSL-4 实验室的气密性要求区域应涵盖 BSL-4 实验室的气密性要求区域，当有特殊要求时再另行规定；另外综合考虑国内已建 BSL-4、ABSL-4 实验室的实际情况，在确保生物安全的前提下，经风险评估分析后重新界定围护结构气密性区域范围的要求。建议 GB 50346—2011 在修订时扩充气密性区域范围要求，实现 2 个标准的统一。

4.7.3　气密门安装应注意的问题

目前国内已建四级实验室防护区气密门普遍采用充气式气密门，也有采用机械压紧式气密门的案例，均可满足围护结构压力衰减法气密性测试要求；已建大动物三级生物安全实验室防护区气密门普遍采用机械压紧式气密门，可满足围护结构恒压法气密性测试要求。当使用充气式气密门时，需要注意气密门部分部件（如探测门开关的滚珠、自动充气膨胀式气密门压缩空气接管与门体的密封等）存在泄漏的风险。另外，充气式气密门的充放气密封条（如图 4.7.3）存在老化的问题，在日后的运行维护管理中应予以重点关注。

图 4.7.3　充气式气密门充放气密封条

4.8　排风高效过滤装置

4.8.1　概述

《生物安全实验室建筑技术规范》GB 50346—2011 第 5.3.2 条以强制性条文指出"三级和四级生物安全实验室防护区的排风必须经过高效过滤器过滤后排放"。使用高效空气过滤器（HEPA 过滤器）是生物安全实验室空气污染防护的主要手段。尽管 HEPA 过滤器的滤菌效率接近 100%，但依然存在泄漏扩散和表面污染扩散的风险。HEPA 过滤器泄漏的原因主要有：（1）在安装过程中意外破损或在消毒剂、动力排风等长期作用下发生破损；（2）由于过滤器边框挤压不均匀导致边框泄漏。被捕集在 HEPA 过滤器上的病原微生物，有存活和增殖的可能性，在一定条件下可能导致病原微生物的扩散。

鉴于 HEPA 过滤器有泄漏和表面病原微生物存活、增殖的风险，WHO《实验室生物安全手册（第 3 版）》要求高等级生物安全实验室所有的 HEPA 过滤器必须按照可以进行气体消毒和检测的方式安装。《实验室生物安全通用要求》GB 19489—2008 也规定高等级生物安全实验室应可以在原位对排风 HEPA 过滤器进行消毒灭菌和检漏。

具备了原位消毒灭菌和检漏功能的排风高效过滤器一般为专用的生物安全型排风高效过滤装置。我国行业标准《排风高效过滤装置》JG/T 497—2016 规定了排风高效空气过滤装置的术语和定义、分类与标记、材料、要求、试验方法、检验规则、标志、包装、运输及储存，适用于三级及三级以上生物安全防护水平的设施中用于去除有害生物气溶胶的排风高效过滤装置，不适用于去除放射性气溶胶的排风高效过滤装置。

在使用特点上，应用于高级别生物安全实验室的排风高效过滤装置根据其安装位置，分为风口式（安装于实验室围护结构上）和管道式（也称单元式，安装于实验室防护区外，通过密闭排风管道与实验室相连），如图 4.8.1 所示。

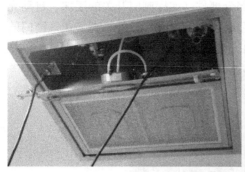

图 4.8.1　排风高效过滤装置实物图

4.8.2　风口式排风高效过滤装置

图 4.8.1 所示的风口式排风高效过滤装置（以下简称"风口式装置"）为国家生物防护装备工程技术研究中心研制、天津市昌特净化工程有限公司生产的国产设备，这里对其箱体结构、集中接口箱结构、过滤器原位检漏结构设计、过滤器原位消毒设计进行简介（张宗兴，2013），供参考。

4.8.2.1　箱体结构

风口式装置采用风口式箱体结构，由排风箱体与集中接口箱组成，如图 4.8.2.1 所示。排风箱体进风口端设置 HEPA 过滤器，箱体顶部或侧部的出风口端设置生物型密闭阀，箱体内部紧靠过滤器出风面安装有扫描检漏采样装置。风口式装置一侧设置集中接口箱，主要用于设置各气路接口及电气接口。HEPA 过滤器外侧安装防护孔板，风口式装置箱体安装于室内的一侧可根据需要设置法兰边。

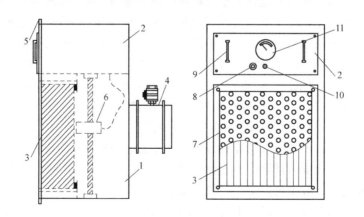

图 4.8.2.1　风口式排风高效空气过滤装置结构示意图

1—排风箱体；2—集中接口箱；3—HEPA 过滤器；4—生物型密封阀；5—法兰边；6—扫描检漏采样装置；
7—防护孔板；8—过滤器阻力声光报警器；9—把手；10—过滤器阻力检测口室内端；
11—过滤器阻力检测表

4.8.2.2 集中接口箱结构

风口式装置一侧的集中接口箱采用无缝焊接技术与过滤器箱体完全气密隔离。为了便于对高效空气过滤装置进行检测维护，将其过滤器检漏、消毒、过滤器阻力检测用的所有接口均设置在集中接口箱内，如图4.8.2.2所示。集中接口箱外部设置过滤器阻力检测表、过滤器阻力检测口室内端，可实时显示过滤器阻力，并可根据需要设置过滤器阻力声光报警器，当过滤器阻力达到设定值后可提醒维

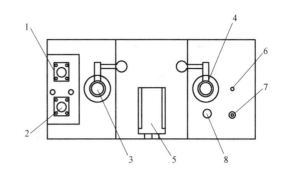

图 4.8.2.2 集中接口箱内部结构图
1—电气接口；2—生物型密闭阀状态指示灯；3—气体消毒接口；
4—消毒验证口；5—扫描驱动机构；6—过滤器阻力下游检测口；
7—扫描检漏采样口；8—过滤器阻力监测压力开关

护人员进行更换。集中接口箱内部设置扫描驱动机构的电气接口，生物型密闭阀状态指示灯（显示密闭阀的开关状态），气体消毒接口，消毒验证口，扫描驱动机构，过滤器阻力下游检测口，扫描检漏采样口，根据需要可设置过滤器阻力监测压力开关。各接口在接口箱内皆采用气密性连接，排风箱体内的空气及实验室内的空气无法通过接口进入集中接口箱，保证了风口式装置运行的安全性。

4.8.2.3 过滤器原位检漏结构设计

风口式装置采用扫描检漏技术对 HEPA 过滤器进行原位检漏，如图4.8.2.3所示。在紧靠过滤器出风面位置处安装有线扫描检漏采样装置，该采样探头与过滤器出风面等宽，采样口为狭缝，呈线状，只需由上到下运行一次即可完成对整个过滤器的检漏作业，根据其运行方式可以称为"线扫描法"。线扫描采样探头通过防静电采样管与集中接口箱内扫描检漏采样口连接，同时线扫描采样探头通过机械传动机构与集中接口箱内扫描驱动机构连接。扫描检漏时，采样探头移动速度设定为 3mm/s，以每移动 5mm 作为一个计算单元进行漏点识别，若被测 HEPA 过滤器宽度为 610mm，则漏点的确认范围在 610mm×5mm 的带状区域内。与使用矩形采样探头进行扫描检漏的常规方式相比，线扫描检漏技术具有配套仪器少、扫描周期短、机械驱动机构简单的优点。

HEPA 过滤器现场检漏流程：对风口式装置内 HEPA 过滤器进行检漏时，将扫描检漏控制装置通过电气连接线连接至集中接口箱内电气接口，并将粒子计数装置通过采样管连接至集中接口箱内扫描检漏采样口，然后在过滤器上游发生物理气溶胶，待气溶胶浓度达到标准要求并稳定后，使用扫描检漏控制装置控制线扫描采样探头对过滤器进行扫描

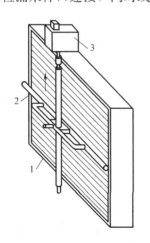

图 4.8.2.3 线扫描检测方式示意图
1—高效过滤器；2—线扫描
采样探头；3—扫描驱动机构

检漏。

4.8.2.4 过滤器原位消毒设计

风口式装置过滤器原位消毒采用与实验室气体整体消毒同步的方式进行。为实现对HEPA过滤器的原位气体熏蒸消毒，集中接口箱内专门设置了气体消毒接口和消毒验证口。气体消毒接口和消毒验证口的内端均与装置箱体内部相通，中部设置密闭隔离阀，消毒验证口外端设置密封盖，在密闭隔离阀与密封盖之间可放置生物指示剂，以对消毒效果进行验证。通常，生物指示剂选用枯草杆菌芽孢菌片。

HEPA过滤器原位消毒流程：如图4.8.2.4所示，关闭出风口的生物型密闭阀，将

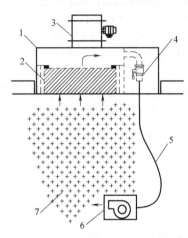

图4.8.2.4 风口式排风高效过滤装置原位消毒示意图

1—过滤装置；2—HEPA过滤器；3—生物型密闭阀；4—气体消毒接口；5—消毒管路；6—气体循环消毒装置；7—气体消毒剂

气体循环消毒装置的消毒管路连接至气体消毒接口，将生物指示剂放置在消毒验证口，打开气体消毒接口与消毒验证口的密闭隔离阀，打开气体循环消毒装置；人员离开后，通过遥控或远程操作的模式在实验室内释放浓度符合消毒要求的气体消毒剂，如甲醛、气体二氧化氯、气化过氧化氢（VHP）等，气体循环消毒装置的循环风机使气体消毒剂持续穿透HEPA过滤器，以对过滤器进行彻底消毒；待气体消毒剂在室内的暴露时间达到消毒要求后，关闭气体消毒剂发生装置，打开风口式装置出风口的生物型密闭阀，启动实验室通风空调系统，排放符合环保要求的气体消毒剂；待室内的气体消毒剂浓度降至安全水平后，人员进入实验室内，关闭气体循环消毒装置，关闭气体消毒接口与消毒验证口的密闭隔离阀，取出生物指示剂后进行培养，以判断消毒效果是否符合要求。

4.8.3 袋进袋出式生物安全型高效空气过滤装置

目前国内高级别生物安全实验室使用的管道式排风高效过滤装置，均具备利用气密袋安全更换高效空气过滤器的条件，即采用袋进袋出式高效空气过滤装置（BAG-IN/BAG-OUT Filter Housing，以下简称BIBO高效单元）。

4.8.3.1 BIBO高效单元的组成

BIBO高效单元主要应用于高等级生物安全实验室排风处置系统，依据《实验室 生物安全通用要求》GB 19489—2008中"应可以原位对排风高效过滤器进行消毒灭菌和在线检漏"的规定进行设计与工艺制造。可根据实验室风量和具体需要进行单台和多台、单级过滤和双级过滤的组合。

BIBO高效单元由气溶胶发生段、混匀段、上游气溶胶采样段、HEPA压紧段、扫描

检测段等部分组成，图 4.8.3.1 所示为高效单元结构组成。

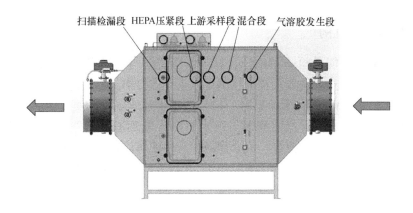

图 4.8.3.1 BIBO 高效单元立体结构图

4.8.3.2 生物安全密闭阀

生物安全实验室要求安装的生物安全密闭阀，其功能要求是气密隔离、防腐、表面无死角，即消毒时消毒剂气化后容易到达各个区域。通风管道系统中常用的密闭阀主要有三种，但生物安全实验室使用的生物安全密闭阀多为圆形蝶阀。

1. 球阀、圆形、半圆形阀门

此类阀门内的球在开启关闭时，与管径向截面接触面积大，而圆球与阀体间隙大于 0.03mm，最小大肠杆菌直径为 0.7μm，很容易在球阀内存留，而且是消毒剂不易穿透的区域，存在安全隐患。

2. 方形阀门

截面四角均为死角，由于机械制造工艺的限制导致盲区过多，盲区是指消毒剂膨胀气体触及不到或很难触及的区域，存在消毒不彻底的隐患。

3. 圆形蝶阀

圆形蝶阀如图 4.8.3.2 所示。在关闭情况下阀板与阀体是线接触密封，极大地减小了消毒盲区和死角。如果机械密封形式和加工工艺安排合理，在消毒剂浓度合理的情况下，密闭阀内部基本无死角，这也是圆形密闭阀的优势。所以国外一般选用圆形密闭阀配圆形管道而不采用方形管道。但圆形密闭阀制造工艺复杂，成本相对较高。综合考虑，圆形密闭阀是国内外业界人士认可的生物安全上比较可靠的装置。

圆形密闭阀安装时需要将执行器一端朝上，阀体在下。不宜将执行器水平或倒立使用，以防止阀板转动时方轴径向窜动，影响整体的密封性。阀体结构可

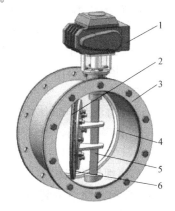

图 4.8.3.2 圆形蝶阀

1—电动执行器；2—密封胶条；3—阀体；
4—楔形密封面；5—偏心轴；6—阀板

71

靠，内部阀板上有调节螺栓，可对板面进行调节以弥补阀板平整度误差和胶条高度误差。胶条易更换，维护保养时方便拆卸。

4.8.3.3　扫描检漏机构

扫描捡漏装置的功能是检验 HEPA、HEPA 上胶条与挡板密封性、HEPA 压紧框与箱体连接处的密封性。这就需要扫描机构满足以下几点要求：（1）适应采样气溶胶流量为 2.83L/min 和 28.3L/min 的粒子计数器。（2）适用于过滤器出风面断面风速 2～3m/s 的工况。（3）粒子计数器在采样气溶胶时与箱体 HEPA 断面有流量差，扫描管管内需要容纳相对粒子计数器所多余出的流量。但必须减少管内的涡流，因涡流的存在会导致计数器不能第一时间检测到或不能检测到气溶胶粒子。（4）扫描管迎风断面不应有检测盲区，造成 HEPA 出风面气溶胶无法被检测到。

国内外常见的扫描器机构有三种形式，简介如下：

1. 单体塔嘴式扫描器结构

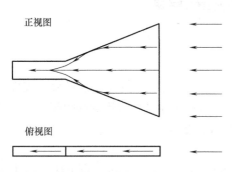

正视图

俯视图

图 4.8.3.3-1　单体塔嘴式扫描器结构示意图

单体塔嘴式扫描器结构示意图如图 4.8.3.3-1 所示。由图 4.8.3.3-1 可以看出，单个扫描器内气流状态平稳，未出现涡流等复杂气流状态。常见的单体塔嘴的开口面积是 $0.001m^2$（开口尺寸：长 100mm，宽 10mm），体积内可容纳 0.04 L/min，使用 2.83L/min 的计数器进行扫描采样，在过滤器断面风速为 2～3m/s 的情况下扫描器移动速度在 3～5mm/s 时不产生外溢气溶胶粒子现象。

但采用人工扫描检漏方式时，扫描前进速度难以控制，速度过快，与 HEPA 出风面速度不相匹配，容易将存在的漏点遗漏。这种结构的扫描器扫描时间过长，由于扫描器断面过于短小，需往复多次扫描，增加扫描误差，浪费检测人员的时间和精力。

2. 由四个塔嘴组成的扫描器机构

单体塔嘴式扫描器由于扫描时间较长，在国内外 BIBO 高效单元的应用较少，国外 BIBO 高效单元往往采用多个单体塔嘴式扫描器（常见的为四个）并联使用的形式，如图 4.8.3.3-2 所示。

需要注意的是四个单体塔嘴式扫描器并列使用时，是有四个采用管接口的，对应使用四台粒子计数器一起扫描采样，目的是缩短扫描检漏时间。

3. 圆形线性扫描机构

军事医学科学院卫生装备研究所研制了另一种形式的扫描采样探头，该采样探头特征是：过滤器出风面等宽，采样口为狭缝，呈线状，只需由上到下运行一次即可完成对整个过滤器的检漏作业，根据其运行方式暂且

图 4.8.3.3-2　四个单体塔嘴式扫描器并列使用的扫描机构

称其为"线扫描法"，采用的线扫描探头设计方案如图 4.8.3.3-3 所示，该线扫描杆由主采样管以及两段支管段组成，主采样管与支管连接处分别位于距主采样管两端 1/4 主管长度处，扫描探头运行示意图如图 4.8.3.3-4 所示（张宗兴，2010）。

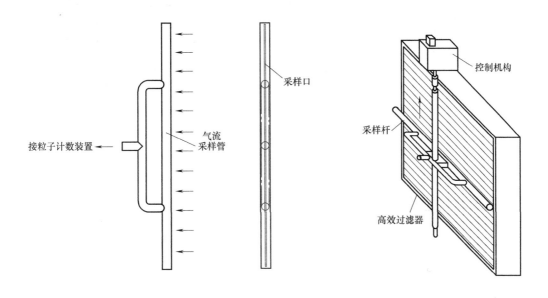

图 4.8.3.3-3　圆形线性扫描机构   图 4.8.3.3-4　扫描探头运行示意图

此种扫描器采用线性扫描机理，从过滤器一端到另一端一次性检测完成，大大减小检测时间，整个扫描过程采用触摸屏程序控制，简单、方便、快接，相比较是一种比较可靠的捡漏方式。

4.8.3.4　袋进袋出的设置

（1）BIBO 高效单元袋进袋出的设置如图 4.8.3.4-1 所示，袋进袋出一般情况是在高效单元灭菌后进行过滤器更换时使用。

箱体内的 HEPA 可能存在灭菌不彻底的隐患。将 HEPA 装进袋子，使用热熔钳切断封口，进行封密处理，防止由于 HEPA 灭菌不彻底而造成的隐患，也是对操作人员的安全防护。

（2）单体组合式袋进袋出：如图 4.8.3.4-2 所示（单体是指每台单元进风口和出风口均设有密闭阀），此种结构可在高级别生物安全实验室系统不允许停机的情况下使用，确保在实验过程中实验室的正常负压值。当发现其中一组 HEPA 需要更换时，关闭这组单元的前后密闭阀，利用袋进袋出的更换方式，对独立的单元进行 HEPA 更换，其他单元正常工作，保证系统的正常运行。这种情况下必须使用袋进袋出的方式更换 HEPA，此种方式多用于核工业。

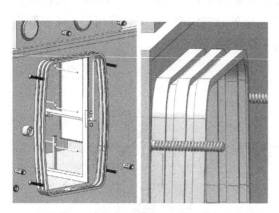
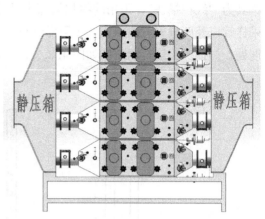

图 4.8.3.4-1　BIBO 高效单元袋进袋出的设置

图 4.8.3.4-2　单体组合式 BIBO
高效单元袋进袋出

4.8.4　设计和建设中应注意的问题

对于排风高效过滤装置而言，生物安全实验室设计和建设阶段需要考虑的重点问题包括：HEPA 过滤器级数、排风高效过滤装置选型、安装位置要求等。

4.8.4.1　HEPA 过滤器级数

《实验室　生物安全通用要求》GB 19489—2008 和《生物安全实验室建筑技术规范》GB 50346—2011 明确要求：三级生物安全实验室的排风应至少经过一级 HEPA 过滤器处理后排放；四级生物安全实验室的排风应经过两级 HEPA 过滤器处理后排放。图 4.8.4.1对两级 HEPA 过滤器的作用进行了对比分析。假设 HEPA 过滤器风量为 1000m³/h；过滤器完整时过滤效率为 99.99%；当 HEPA 过滤器有 10 L/min 的旁路泄漏

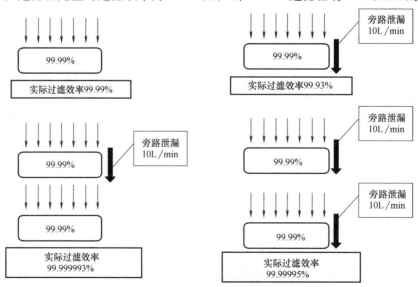

图 4.8.4.1　双级 HEPA 过滤器的作用示意图

时（可能是 HEPA 过滤器自身泄漏，也可能是安装边框泄漏，10L/min 的泄漏量只是举例说明），实际过滤效率为 99.93％，案例计算如下：

（1）只有一级 HEPA 过滤器时，不泄漏时过滤效率为 99.99％（4 个 9），存在假定的泄漏时过滤效率为 99.93％；

（2）有两级 HEPA 过滤器串联时，两级均不泄漏时总过滤效率为 1－(1－99.99％)×(1－99.99％)＝99.999 999％（8 个 9），仅有第一级存在假定的泄漏时总过滤效率为 1－(1－99.93％)×(1－99.99％)＝99.999 993％（7 个 9），两级均存在假定的泄漏时总过滤效率为 1－(1－99.93％)×(1－99.93％)＝99.99 995％（6 个 9）。

可以看出当有两级 HEPA 过滤器时，即使两级过滤器均存在泄漏，其总的过滤效率（6 个 9）也远远大于一级 HEPA 过滤器完好时的过滤效率（4 个 9）。

4.8.4.2　选型及安装位置要求

《实验室　生物安全通用要求》GB 19489—2008 和《生物安全实验室建筑技术规范》GB 50346—2011 均明确要求三、四级生物安全实验室的排风高效过滤装置应可以进行原位消毒和检漏。由于普通高效空气过滤装置不能原位消毒灭菌和检漏，不能用于高级别生物安全实验室，这一点应特别予以注意。具有原位消毒灭菌和检漏要求的排风高效过滤装置应为专用装置（此处称之为生物安全型排风高效过滤装置）。国家建筑工程质量监督检验中心近 3 年检测了国内外共约 1000 台生物安全型排风高效过滤装置，总的来看国内使用的生物安全型排风高效过滤装置品牌不足 10 家（含国内外品牌），均为经过型式检验且合格的定型产品。

《生物安全实验室建筑技术规范》GB 50346—2011 第 5.3.3 条规定"三级和四级生物安全实验室排风高效过滤器宜设置在室内排风口处或紧邻排风口处，三级生物安全实验室防护区有特殊要求时可设两道高效过滤器。四级生物安全实验室防护区除在室内排风口处设第一道高效过滤器外，还应在其后串联第二道高效过滤器。防护区高效过滤器的位置与排风口结构应易于对过滤器进行安全更换和检漏。"

国内已建三级生物安全实验室基本采用风口式排风高效过滤装置，即 HEPA 过滤器设置在室内排风口处；已建大动物三级生物安全实验室、四级生物安全实验室大部分采用管道式排风高效过滤装置，均紧邻排风口处，在室内排风口与管道式排风高效过滤装置之间的排风支管很短，且气密性符合 GB 19489 的要求。管道式排风高效过滤装置两端均设有生物型密闭阀，便于装置原位消毒灭菌，另外在进行管道式排风高效过滤装置气密性测试时，需要确保生物型密闭阀的气密性；当采用管道式排风高效过滤装置时，其内部可设置一级 HEPA 过滤器，也可设置两级 HEPA 过滤器。

在进行高等级生物安全实验室设计和建设时，应首先根据现行国家标准 GB 19489 和 GB 50346 的要求、风险评估结果，由生物安全实验室等级确定 HEPA 过滤器级数要求。当仅需一级 HEPA 过滤器时，首选风口式排风高效过滤装置；当需两级 HEPA 过滤器时，可选择"风口式排风高效过滤装置＋管道式排风高效过滤装置（内置一级 HEPA 过滤器）"（参见图 4.6.4，法国设计师推荐方案）的设计方案，也可选择"管道式排风高效过滤装置（内置两级 HEPA 过滤器）"的设计方案（国内大部分实验室选择的方案）。

4.8.4.3 原位消毒灭菌要求

《生物安全实验室建筑技术规范》GB 50346—2011 第5.1.9条以强制性条文指出"三级和四级生物安全实验室防护区应能对排风高效空气过滤器进行原位消毒和检漏。四级生物安全实验室防护区应能对送风高效空气过滤器进行原位消毒和检漏。"

国外对排风高效过滤装置的消毒主要采用气体熏蒸方法。由于气体"无孔不入",可同时消毒管道,容易进行消毒效果验证,必然是发展趋势。对排风高效过滤装置原位消毒一般采用气体局部循环消毒法或实验室气体整体循环消毒法,即HEPA过滤器可以单独进行消毒,也可以和房间统一进行消毒。

1. 气体局部循环消毒法

主要适用于箱式排风高效过滤装置,如图4.8.4.3-1所示,排风高效过滤装置在过滤器上游及下游的合适位置处配备熏蒸消毒接口,气体熏蒸消毒时,关闭箱体两端的生物型密闭阀,将气体消毒装置连接于熏蒸消毒接口,打开熏蒸消毒接口,启动气体消毒装置和循环风机,在循环风机的作用下,气体消毒剂穿透HEPA过滤器,在箱体内往复循环,从而实现对过滤器及箱体内部的彻底消毒。

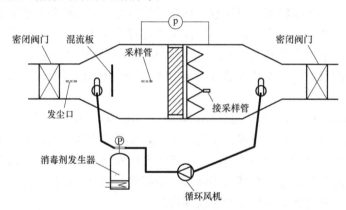

图 4.8.4.3-1 气体局部循环消毒 HEPA 过滤器示意图

2. 实验室气体整体循环消毒法

实验室气体整体循环消毒法,如图4.8.4.3-2所示,工作原理为:在实验室消毒区域的送风总管和排风总管之间安装一消毒支路,同时在送、排风管道的关键位置安装生物型密闭阀(消毒区域送风总管、排风总管、消毒旁路等位置)。实验室气体整体循环消毒时,关闭消毒区域送风总管、排风总管的生物型密闭阀,打开消毒旁路的生物型密闭阀,在实验室消毒区域内通过消毒剂发生器释放气体消毒剂,气体消毒剂在消毒风机的作用下,穿透送、排风HEPA过滤器,在实验室消毒区域内往复循环,从而实现对送、排风HEPA过滤器及通风管道的彻底消毒。

实验室气体整体循环消毒HEPA过滤器的优点在于一次可对消毒区域所有送、排风HEPA过滤器进行原位消毒,但同时也存在以下问题:(1)消毒区域空间大,气体消毒剂的浓度难以稳定控制;(2)对HEPA过滤器进行原位消毒的同时也对实验室消毒区域的整体空间进行了消毒,有的气体消毒剂会影响实验室内的仪器设备,如在温、湿度不适宜的情况下,多聚甲醛气体会凝聚成白色粉末。

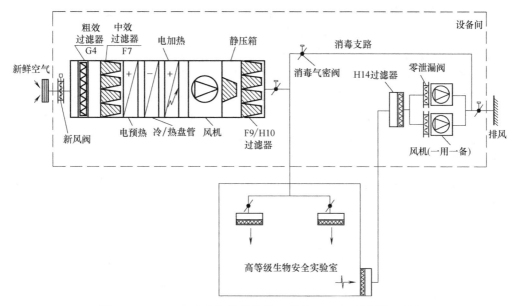

图 4.8.4.3-2　实验室气体整体循环消毒 HEPA 过滤器示意图

4.9　正压防护服

4.9.1　概述

正压防护服是指将人体全部封闭、用于防护有害生物因子对人体伤害、正常工作状态下内部压力不低于环境压力的服装，主要用于正压服型的生物安全四级实验室。主要特点是防护服内的气体压力高于环境的气体压力，以此来隔断在污染区内实验人员暴露在气溶胶、放射性尘埃以及喷溅物、意外接触等造成的危害。目前我国已建成若干个生物安全四级实验室，均采用正压防护服作为首选的个体防护装备，实物如图4.9.1所示。

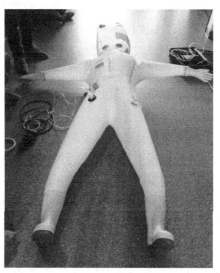

图 4.9.1　正压防护服实物图

4.9.2　设计和建设中应注意的问题

对于正压防护服而言，生物安全实验室设计和建设阶段应重点考虑的问题包括：正压防护服选型（涉及其处于正常工作状态时，所需供气量的压力和流量，向室内排风量大小等）、数量要求等。正压防护服的选用应考虑自身材质耐腐蚀性、气密性、待穿人员身材等，数量应满足实验室实际工作需求。正压防护服的选型和数量，是生命支持系统供气能力、通风空调自控系统设计的重要参数。在进行生物安全实验室通风系统及自控系统设计时，应考虑正压防护服排气对室内压力梯度的影响，应有自动控制调节措施。

操作人员穿戴正压防护服进出实验室某功能用房（主要包括正压防护服更换间、化学淋浴间、主实验室，有的还包括防护走廊、主实验室缓冲间等）时，因正压防护服向室内排风（每套排风量约 $20 \sim 100 \mathrm{m}^3/\mathrm{h}$），会降低气密性较好的实验室用房绝对负压值（如从 $-80\mathrm{Pa}$ 降低至 $-60\mathrm{Pa}$），致使其与室外方向上相邻相通房间相对压差不符合标准要求，甚至出现压差逆转，此时宜通过压力控制法进行调节。图 4.9.2 为某四级生物安全实验室正压防护服对室内压力波动的影响及自控调节控制图。

1. 跟踪动态控制

对于采用"定送变排"的高等级生物安全实验室，应根据房间压力值自动增大房间排风量，以提高房间绝对负压值至稳定值范围；对于采用"变送定排"的高等级生物安全实验室，应根据房间压力值自动减小房间送风量，以提高房间绝对负压值至稳定值范围。过去曾有一些专家提出由于体积较大的房间（如主实验室、防护走廊等）因送、排风量较大，对应风量调节阀的调节范围有限，能否适应精确压力控制的问题。该问题可通过母子风管并联予以解决，即母风管采用定流量方式通过较大风量，风管采用变流量方式通过较小风量，可实现实验室的精确风量调节和压力控制。

2. 初始静态控制

为解决正压防护服向室内排风而引起绝对压差减小、与室外方向上相邻相通房间相对压差减小甚至出现压差逆转的问题，除进行压力控制调节之外，还可以通过初始静态控制思路解决，即主实验室送、排风管均安装手动调节阀（或定风量阀），在整个实验室运行过程中不通过风量调节阀进行风量调节，仅通过初始设置较大的静压差解决正压防护服向室内排风问题，如某 BSL-4 主实验室与相邻缓冲间之间初始静压差《实验室　生物安全通用要求》GB 19489—2008 和《生物安全实验室建筑技术规范》GB 50346—2011 要求为 $-25\mathrm{Pa}$，调试时将其设置为 $-50\mathrm{Pa}$。当操作人员穿戴正压防护服进入主实验室时，主实验室与相邻缓冲间之间的静压差降低为 $-30\mathrm{Pa}$，仍可满足标准要求，若不满足标准要求，表明初始静压差 $-50\mathrm{Pa}$ 仍不足以抵消正压防护服排风的影响，应进一步加大初始静压差直至满足要求为止。

该方案仅需在通风空调系统安装完成后，对手动调节阀进行初始风平衡调试即可，在实际运行过程中基本不进行风量调节阀的任何调节控制，大大简化了自控系统。该方案在进行压力控制时可以系统生物安全风险性最高的主实验室绝对压差为控制依据，自动调节排风机组变频器频率，实现该主实验室的静压差跟踪控制（主要是应对动态条件下的室内压力波动）。该方案依靠初始值大的静压差减少室内压力扰动因素的影响，仍有一定局限性，当扰动强烈时（如通风量较大的局部排风设备的启停、化学淋浴间压缩空气注入时等）需要更大的静压差，会造成初始状态时主实验室负压过大，此时需要采用压力控制法进行调节控制，即存在压力扰动强烈的房间需要设置风量调节阀进行风量控制。

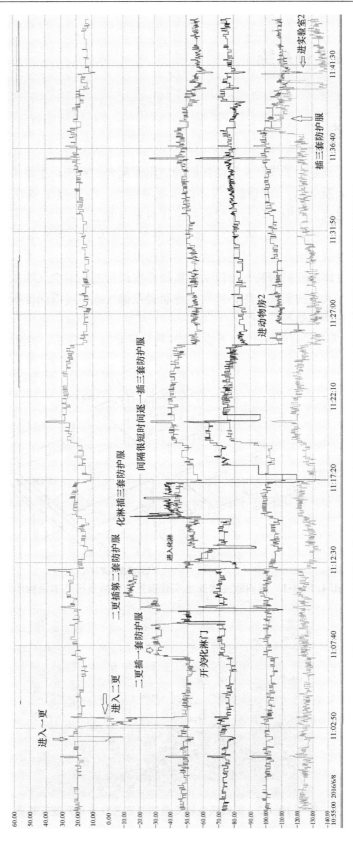

图 4.9.2　某四级生物安全实验室正压防护服对室内压力波动的影响及自控调节控制图

4.10 生命支持系统

4.10.1 概述

生命支持系统是为了满足正压防护服的使用而配套的系统，主要由空气压缩机、紧急支援气罐、不间断电源、储气罐、气体浓度报警装置、空气过滤装置及相应的阀门、管道、元器件等组成。其中空气压缩机吸收空压机室内的空气，经过压缩为系统提供一定压力的压缩空气（一般为10bar左右）；紧急支援气罐是为了在系统不能正常供给所需气体时，短时间内维持系统正常供气所配置；不间断电源是为了在主电源故障时维持系统正常运行所配置；气体浓度报警装置可以实时监测系统供给的压缩空气的主要成分的浓度，来保证实验室操作人员的正常使用；空气过滤装置及储气罐等可以保证所供给实验室的气体的主要成分的浓度及储备。

某四级生物安全实验室生命支持系统基本结构如图4.10.1-1所示，实物如图4.10.1-2所示。

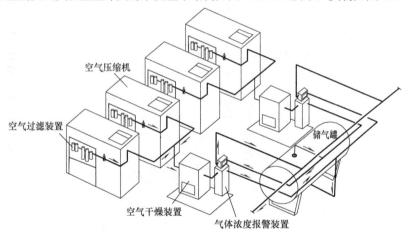

空气压缩机

空气过滤装置

储气罐

空气干燥装置

气体浓度报警装置

图 4.10.1-1 某四级生物安全实验室生命支持系统基本结构示意图

图 4.10.1-2 某四级生物安全实验室生命支持系统实物图

4.10.2　设计和建设中应考虑的问题

对于生命支持系统而言，生物安全实验室设计和建设需要考虑的主要问题包括：空气压缩机冗余设计、紧急支援气罐、不间断电源、气体浓度报警、储气罐、减压阀设置等。生命支持系统风险控制核心点集中在空气压缩机可靠性、紧急支援气罐可靠性、报警装置可靠性、不间断电源可靠性、供气管道气密性。

空气压缩机可靠性应满足空气压缩机有备用，可自动切换；紧急支援气罐可靠性应满足空气压缩机故障时，可自动切换至紧急支援气罐供气；报警装置可靠性应可以实现 CO、CO_2、O_2 气体浓度超限报警，并可自动至紧急支援气罐供气，气体温度湿度在一定范围内可调，储气罐压力报警；不间断电源可靠性应满足供电时间应不少于 60min（或保证气源不少于 60min）；供气管道气密性应满足管道整体及接口的气密性检测无皂泡。

4.11　化学淋浴消毒装置

4.11.1　概述

化学淋浴消毒装置是高级别生物安全实验室中一个关键的防护设备，适用于身着防护服的人员消毒，在人员离开高污染区防止可能产生的污染。《实验室　生物安全通用要求》GB 19489—2008 中对化学淋浴系统做出了明确要求，其中第 6.4.4 条指出"适用于4.4.4 的实验室防护区应包括防护走廊、内防护服更换间、淋浴间、外防护服更换间、化学淋浴间和核心工作间。化学淋浴间应为气锁，具备对专用正压防护服或传递物品的表面进行清洁和消毒灭菌的条件，具备使用生命支持供气系统的条件"。《生物安全实验室建筑技术规范》GB 50346—2011 中也对化学淋浴间提出了一些具体要求。

化学淋浴消毒装置结构主要包括：水箱、两道互锁式气密门（常规为充气式气密门）、加药系统、喷淋系统、控制系统、送排风系统、排水系统及供气系统（提供给正压防护服）。化学淋浴消毒装置为独立一套装置，其给排水防回流措施、液位报警装置、箱体气密性、送/排风高效过滤器性能等由设备供应商确保质量符合标准要求。

化学淋浴系统工艺如图 4.11.1-1 所示，化学淋浴系统主要构件实物如图 4.11.1-2所示。

化学淋浴是人员安全离开防护区和避免生物危险物质外泄的重要屏障，因此要求具有较高的可靠性，在化学淋浴系统中将化学药剂加压泵设计为一用一备是被广泛采用的提高系统可靠性的有效手段。在紧急情况下（包括化学淋浴系统失去电力供应的情况下），可能来不及按标准程序进行化学淋浴或者化学淋浴发生严重故障丧失功能，因此要求设置紧急化学淋浴设备，这一系统应尽量简单可靠，在极端情况下能够满足正压防护服表面消毒的最低要求。

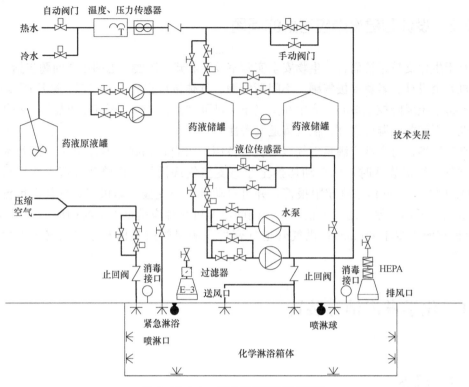

图 4.11.1-1　化学淋浴系统工艺图

图 4.11.1-2　化学淋浴系统主要构件实物图

4.11.2　设计和建设中应考虑的问题

对于化学淋浴消毒装置而言，生物安全实验室设计和建设时需要考虑的主要问题有：预留安装位置、与实验室围护结构的衔接、与实验室通风空调系统的衔接、与实验室供气系统的衔接、与实验室给水排水系统的衔接、预防箱体或阀门等漏水而设置围挡或地漏。

由于化学淋浴消毒装置的水箱、供水管、水阀等存在漏水的风险，故其安装位置应设置水围挡或地漏，确保漏出的水不会无组织流淌。若化学淋浴消毒装置水箱、供水管、水阀等安装在实验室所在楼层的上面一层（管道层），即化学淋浴消毒装置水箱所在楼板为实验室防护区顶板，不便于在其附近安装地漏（考虑围护结构气密性或防护区室内美观等因素），此时应设置水围挡（堰）。

4.12　污水消毒设备

4.12.1　概述

生物安全实验室产生的废水、废液中常常含有各种病原微生物，如细菌、病毒、真菌以及寄生虫等，具有很大的危害性，如不进行严格的消毒灭菌处理，有可能污染外界环境、引发传染病流行，严重危害人类的健康。目前，生物安全实验室活毒废水的处理方法主要有物理处理法、化学处理法、生物处理法。高温灭活处理法的原理是利用高温对病原微生物等的灭活致死作用，现已成为生物安全实验室处理活毒废水常用方法。

目前国内外流行高温灭活处理法，根据处理废水的方式可分为序批式和连续式两种方式。二者的根本区别在于：序批式活毒废水处理工艺将废水储存后再处理，连续式活毒废水处理工艺则采取边收集边处理的方式。两种方式都是可行的，有各自的特点，在世界上不同的三、四级生物安全实验室都有工程实例。

4.12.2　序批式系统

4.12.2.1　系统组成

目前国内已建四级、大动物三级生物安全实验室活毒废水处理系统，每套设备的主要配置为 3 个（或 2 个）容量相同、功能相同的压力容器罐；3 个罐体分别为一收集罐、一灭活罐、一备用，均可交替使用，互为备用。同时，系统对每个罐体外部均作保温处理，做到高效节能。处理系统工艺详见图 4.12.2.1，系统可以根据不同实验菌种，调整不同的灭菌时间、温度等运行参数，具有固体成分处理、废水储存、高温高压灭菌功能，确保处理效果和运行安全。活毒废水处理系统（含设备）所采用的材料在高温下均具有耐酸碱、抗腐蚀等性能。一个处理周期为 4～5h，其中加热时间（从常温上升至规定的灭菌温度所需时间）≤30min；灭菌时间 30～120min 可调（根据菌种的不同做相应调整）；冷却时间根据现场情况确定；排水时间约 10min（王冠军等人，2013）。

4.12.2.2　工作原理

活毒废水处理系统主要由互为储存、互为灭活、互为备用、可定期轮换使用的多个等容量罐体组成，包括废水储存、灭菌、固液分离装置，以及泵与阀门组合单元、化学加药系统、冷却循环系统、自动控制操作系统及各单元相关附件。序批式系统多采用两个或三个罐体并联使用，其工作原理如下（张亦静，2008）。

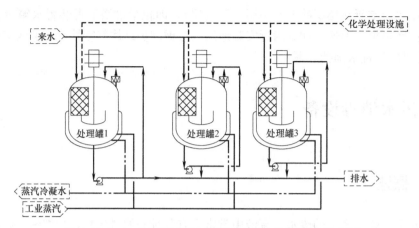

图 4.12.2.1　生物安全实验室活毒废水处理系统工艺图

1. 两个罐体

（1）废水进入收集罐，压力由排气管释放至 HEPA 过滤器。

（2）当收集罐液面达到向灭活罐排放的液位时（收集罐共有四档液位：空、向灭活罐排放、满、溢流），废水流入灭活罐。

（3）当收集罐彻底排空之后，清水喷头喷出清水冲洗罐体，防止沉积腐败。

（4）当废水从收集罐流入灭活罐时，灭活罐前的管道上设有两道水平阀门，依次为废物阀和隔离阀（关键阀门），可防止堵塞，保护灭活罐隔离阀的密封圈。废液流入灭活罐后，先关闭废物阀，然后喷入清水对管道进行冲洗，同时冲洗隔离阀，保证隔离阀的密封圈冲洗干净后再将其关闭，打开废物阀。这保证了灭活过程中没有废液回流至收集罐，甚至回流至上方管路。

（5）当灭活罐被注满后，气体被置换入收集罐（一个排空时另一个被注满），这样几乎没有或只有很少的气体会进入排气口过滤器，过滤器只在收集罐被注满时起作用。

（6）灭活罐关闭后（包括进液口、排气口过滤器关闭），蒸汽进入盘管，加热到预设温度（100～150℃），系统开始灭活。灭活罐内的温度保持一致并持续一段时间，罐内不存在任何温度梯度。

（7）当灭活完成后，排水阀门打开（为保证绝对安全，设有两个排水阀），容器开始通过一个喷淋冷却器控制排水，以保证排水温度低于预设温度（一般为 50℃），水通过罐内压力排到排水管道或指定的位置。

（8）排水完毕后，用冷水漂洗灭活罐一次，重新排空，用于下一个处理循环。

（9）EDS 系统任何组成部分或者整个系统，都有配套的蒸汽消毒或化学消毒系统。

（10）必须注意的是，在收集罐和灭活罐喷淋过程中，一定要保证在系统关闭之前，罐内的排水阀和旁管的喷淋阀门打开或关闭时都没有任何碎片残留。

（11）在下一批废水流入收集罐前，调整罐上的真空开关球阀，使罐内压力至正常。

2. 三个罐体

（1）废水进入第一个灭活罐，压力经 HEPA 过滤器释放。

（2）当第一个灭活罐液面达到灭活的液位时，与其相连的管道上的阀门关闭，同时第二灭活罐管道阀门打开，进行废水收集。

（3）灭活罐的工作原理同 2 个罐体时的工作原理。

4.12.2.3　特点

序批式处理工艺被广泛应用于高等级生物安全实验室的活毒废水处理中，其特点主要有以下几点（魏琨，2008）：

1. 优点

（1）安全性高：采用夹套式冷却方式，与罐内的废水完全隔离，最大限度地保证了工艺出水的安全性。另外，每个处理单体内都配有可 360°旋转的清洗球。在对设备进行清洗消毒时，可以不留任何死角，达到完全消毒。保证在检修维护时的安全。

（2）适应性强：可依废水的实际情况，调整灭活温度及保温灭菌时间。处理水量可通过工作周期进行调节，达到节能运行的目的。灭活设备不易堵塞。

（3）能自动防垢：系统在废水储罐之前装有定量投加软化剂装置，自动防止系统结垢。

（4）备有故障应急措施：当生物灭活系统发生故障时，可以通过替代系统实现化学消毒，从而保证该批次排水的安全性和可靠性。

（5）初投资小。

（6）灭活罐互为备用，便于维修。

2. 缺点

（1）占地面积较大。

（2）热量有待于回收重复利用。

（3）废水等待处理时间较长。

4.12.3　连续式系统

4.12.3.1　系统组成

连续式活毒废水处理设备的核心装置是热交换器，设计上采用完全焊接的单管道热交换器。由于是完全焊接的，无法拆卸，保证了设备的安全运行。同时，单管道的构造使得废水在管道中始终沿一个方向流动，如果管道阻塞，流速就会下降，此时设备会自动启动清洁程序。热交换器管道接口采用旋转熔接，能够保证较好的光滑度和强度，防止泄漏且有助于管道清洗。

在整套工艺设备中需要设置阀门，普通的蝶阀或球阀内部都有转动结构，关闭时废水会留在小孔或缝隙内无法清洗，造成污染。所以设计上选用隔膜阀，其阀体和转动轴之间没有密封圈，不会存在液体滞留和泄漏的风险。设备的感温装置安装在一个保护套中，探头与废水没有直接接触，避免了污染。整套设备全部采用 SAF2507 合金。SAF2507 合金由 25％铬、4％钼和 7％的镍构成，具有较强的抗氯化物、抗酸腐蚀的特性，以及较高的导热性和较低的热膨胀系数。此外，SAF2507 的焊接性很好，可以通过专门的设备进行焊接。

4.12.3.2 工作原理

三、四级生物安全实验室产生的含病原性微生物的废水经管道排到收集罐（缓冲罐）内，再由污水泵（一用一备）提升到管式热交换器预热（处理过的高温废水回用作为热媒，将有毒废水从 15～40℃提升到 90℃左右，同时灭菌过的废水也通过交换器交换后降温到 50℃排出）。通电加热到设定的温度后保温灭菌。因此此套活毒废水处理设备不需要专门的冷却装置，可以连续运行。其处理工艺流程见图 4.12.3.2。

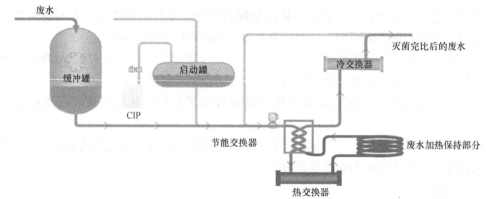

图 4.12.3.2 连续式系统处理工艺流程示意图

灭菌时间一般 3～18min，灭菌温度最高可达到 250℃。每一个灭菌周期完成后，系统自动使用 80℃的苏打水净化设备管路，使用硝酸去除碳酸钙沉淀物，中和生物废水。用 pH 传感器计量排放前废水的 pH 值。另外，在污水处理间设一套自动软化水制水设备，用于净化清洗。处理过程是全自动的，各部分自动运转，并能根据储存罐内水位自动开关机。整个过程无需人工操作。通过监控系统可以直接观察到设备每一个部件的实时运行状况。所有的资料都能被记录下来，并可随时调阅。

4.12.3.3 优缺点

1. 优点

（1）安全性高：热交换器不属于压力容器，无建筑防爆要求，具有较高的建筑安全性。在正常情况下，废水能连续处理，最大限度减少收集罐内废水的储存量。罐内废水达到 150L，处理程序启动。由于系统随机处理中的废水量较少（大约 100L），易于控制和处理突发事件，将环境影响降到最低。

（2）节能：由于不用冷却水，加热效率高，可大幅降低加热时间和能量损耗。单位水量能耗为其他产品的 1/4。

（3）节省空间：处理系统是一套非常紧凑的设备。所有的部件均安装在同一个平台上，设备体积小。

（4）处理能力强：不需改动设备即可达到 150℃及 18min 的大剂量处理能力，同时具备处理未知病原体的能力。根据需要，最高温度可达 250℃。可自动精确调节的温度。

2. 缺点

（1）初投资高，整套设备均须进口。

（2）故障应急措施不够完善，没有备用设备。

（3）为防止热交换器堵塞，对废水中的杂质要求较严。

（4）要求供货商定期人力检修，上门维护。

4.12.4　对比分析

连续式和序批式活毒废水处理的方法都是可行的，有各自的特点，在世界上不同的三、四级生物安全实验室都有工程实例。例如法国里昂四级生物安全实验室活毒废水处理采用的是连续式，美国某四级生物安全实验室活毒废水处理采用的是序批式，澳大利亚的四级生物安全实验室活毒废水处理既采用了连续式也采用了序批式，备有两套处理系统，使用时可以互相切换。

综上所述，序批式系统和连续式系统对于处理生物安全实验室废水，都是安全可靠的。但各有优缺点，在设计中应针对工程实际的特点，综合考虑，扬长避短。

4.13　动物残体处理系统

4.13.1　概述

根据处理动物残体的方式可分为碱水解、焚烧炉焚烧、高温高压处理、高温高压＋焚烧炉焚烧四种方式。

4.13.2　碱水解方式

国外官方机构对组织处理器处理动物残体的批准意见：（1）欧洲委员会科技筹划指导委员会于 2003 年 4 月 11 日采纳通过的最终意见：在 150℃下采用 KOH 或者 NaOH 进行碱水解 3h，可灭活 TSE，6h 后未发现有传染性。（2）加拿大食品监督局（CFIA）于 2006 年 7 月 28 日声明：在 150℃下采用 KOH 或者 NaOH 进行碱水解 3h，可以显著杀灭 TSE，碱的质量分数需大于 9％。（3）美国农业部（USDA）要求：TSE 感染的畜体应该采用碱性水解组织处理机或高温焚烧进行处理，只有无法采用掩埋方式时，才允许采用低温或开放式焚烧的方法对无感染的畜体进行处理（张亦静，2008）。

4.13.2.1　技术原理

碱性水解技术原理如图 4.13.2.1 所示（张亦静，2008）。

4.13.2.2　BioSAFE 组织处理器

1. 工作原理

通过滑轨将要处理的动物残体吊入组织处理器篮筐中，关闭密闭舱门；向组织处理器

图 4.13.2.1 所示的化学结构图（蛋白质链、片断）

图 4.13.2.1 八肽的部分水解图所生成的随意片断

内加入碱水（25％的 NaOH 溶液），同时向夹套内通入蒸汽进行加热；加热过程中，通过循环泵对动物的有机残体充分进行皂化，加热时间约 4h，动物残体全部处理完毕；罐体废水进行酸碱中和处理，使 pH 值达到 6～9；罐体内高温废水通过热交换器或冷水混合器降至排放温度。处理后的废水 BOD 为 7 万～9 万 mg/L（国家标准为 300mg/L），COD_{Cr} 约为 1.5 万 mg/L（国家标准为 300mg/L）。处理后的固体废物（骨头）通过推车排至室外。

2. 生物密封方面的突出特点

组织处理器与楼板连接处采用生物密封（见图 4.13.2.2）。生物密封是一个在污染区和洁净区之间形成屏障的防护罩或闭锁结构，现场安装时必须进行压力泄漏测试，以验证生物密封性。入口门必须配有安全锁，保证完全密封。PLC 的控制线穿过污染区须保证完全密闭。须由独立的液压系统控制，防止交叉污染。根据污染物种类及操作流程，选用金属或者三元乙丙橡胶材料制作生物密封。金属生物密封圈的使用寿命至少为 25 年，可抵挡正面冲击。采用透明材料可方便观察罐体内部反应进程及清洁打扫。

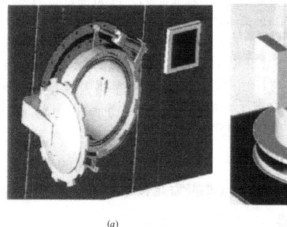
(a)

(b)

图 4.13.2.2 BioSAFE 组织处理器的生物密封

(a) 水平安装；(b) 垂直安装

4.13.2.3　BioMEER 组织处理器

1. 工艺流程

组织处理设备既可垂直安装也可水平安装，采用的加热方式是夹套式，夹套内的热媒为循环热油，不会因为温度振荡冲击造成罐体的破坏。同时采用独特的搅拌浆进行搅拌，双重的机械杆密封，并用电脑对搅拌和循环进行控制。其工艺流程如图 4.13.2.3 所示。

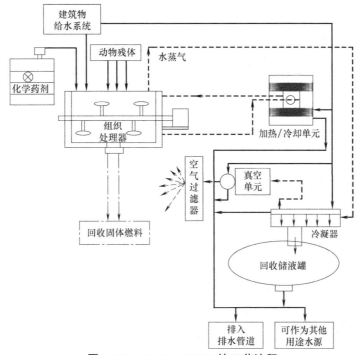

图 4.13.2.3　BioMEER 的工艺流程

2. 时间控制

完成整个工艺的时间控制如下：

（1）收集固体废物，30min。

（2）向罐体内加入水和化学药剂，15min。

（3）温度均匀上升到 150℃，45min。

（4）无搅拌情况下的水解时间，60min。

（5）每 15min 搅拌一次的水解时间，120min。

（6）连续搅拌时间，60min。

（7）冷却时间，60min。

（8）脱水/真空干燥时间，120min。

（9）干燥净化后无菌物质的清除时间，30min。

3. 产品特点

（1）采用循环油加热，不会因为热冲击造成罐体破坏。

（2）能减少 90% 的臭气排放。

（3）组织处理机可以湿输出或干输出废料，推荐使用干输出。

（4）改进后的技术所需化学药品减少 2/3，能源减半。

4.13.3 焚烧炉焚烧方式

焚烧炉焚烧方式处理固体废弃物是以往三、四级生物安全实验室最普遍采用的一种方式，某实验室处理固体废弃物的焚烧炉如图 4.13.3 所示。其优点是可以彻底灭活所有病原微生物（包括朊病毒），处理后残留体积小，降低了对灭菌后二次垃圾的处理量，但焚烧时产生的废气对环境可造成一定程度的污染。澳大利亚动物卫生研究所采用了这种方式处理固体废弃物。澳大利亚动物卫生研究所的焚烧炉共两台，一备一用。焚烧炉的工作流程：第一道气密门位于解剖室内，当第一道气密门打开时第二道和第三道气密门处于关闭状态，将动物残体等固体废弃物投入第一道和第二道气密门之间。关闭第一道气密门，打开第二道气密门，固体废弃物掉入第二道和第三道气密门之间。关闭第二道气密门，打开第三道气密门，固体废弃物掉入一次燃烧室，在

图 4.13.3　处理固体废弃物的焚烧炉

约 600℃条件下燃烧，产生的烟气在二次燃烧室内 850～1200℃燃烧，分解有害物质。

4.13.4 高温高压处理方式

加拿大人类和动物健康科学中心和美国农业部国家动物疫病中心 ABSL-3 实验室对动物残体等固体废弃物采用了 125℃、30min 高温高压加搅拌的处理方式。据介绍，经高温高压处理后动物残体（包括骨头）很容易搅碎。经处理后的动物残体等固体废弃物装入塑料袋填埋废弃矿坑或加工成肥料。

4.13.5 高温高压处理＋焚烧炉焚烧方式

有些研究单位在其 BSL-3、4 和/或 ABSL-3、4 实验室建成之前已有固体废弃物焚烧设备，后建成的生物安全实验室很难直接利用这些设备，建新的焚烧设备又导致一定程度的浪费，故采用了对动物残体等固体废弃物高温高压处理后焚烧的处理方式。如日本国家动物卫生研究所的 BSE 研究中心即采取了这种处理方式，该中心对 BSE 实验动物残体等固体废弃物经 135℃、30min 高温高压灭菌后，再送至焚烧炉焚烧，以达到对朊病毒彻底灭活的目的。

4.13.6 对比分析

由于焚烧炉焚烧动物残体时会排放二噁英等有害气体，严重污染环境，国外新建的生

物安全实验室多已采用高温碱水解的方式替代焚烧方式处理动物残体，焚烧炉的使用在我国也受到严格限制。与焚烧炉相比，高温碱水解处理动物残体具有以下优点：

（1）组织处理器占地仅为焚烧炉的 1/5，大大节省了用地面积。

（2）高温水解处理成本为 3～15 美分/磅，焚烧炉处理成本为 48～77 美分/磅。

（3）组织处理器既可垂直安装也可水平安装，进料口穿过楼板或墙体的部位采用生物密封，故组织处理器进料口可安装在污染区，在满足生物安全的前提下，减少了其他灭菌设备，将灭菌路线缩至最短。而焚烧炉进料口则无法实现生物密封，因此必须先对需焚烧物品进行高压灭菌后才能送入焚烧炉，灭菌过程复杂，且进行高压灭菌时为达到灭菌效果，必须将大型试验动物切成小块，工作繁重并会造成大面积的实验室污染，增加了实验室事后的消毒灭菌工作量。

（4）使用组织处理器处理动物残体，最终的排出物为固体残渣（动物骨渣）及废液。固体残渣可直接运走，废液的 BOD 虽然较高，但排入园区管网与整个园区的污水混合稀释后 BOD 值大大降低。使用焚烧炉需配相应的消烟除尘装置以满足环保需求。两者比较，组织处理器更易达到环保要求，且对环境的污染降至最低。

（5）在初次投资方面，若均采用进口设备，组织处理器的价格低于焚烧炉。

本章参考文献

[1] 中国合格评定国家认可中心. 实验室　生物安全通用要求. GB 19489—2008 [S]. 北京：中国标准出版社，2008.

[2] 中国建筑科学研究院. 生物安全实验室建筑技术规范. GB 50346—2011 [S]. 北京：中国建筑工业出版社，2012.

[3] 中国疾病预防控制中心病毒病预防控制所. 病原微生物实验室生物安全通用准则. WS 233-2017 [S]. 北京：中国标准出版社，2017.

[4] 中国合格评定国家认可中心. 实验室设备生物安全性能评价技术规范. RB/T 199—2015 [S]. 北京：中国标准出版社，2016.

[5] 曹国庆，张彦国，翟培军等. 生物安全实验室关键防护设备性能现场检测与评价 [M]. 北京：中国建筑工业出版社，2018.

[6] 曹国庆，王君玮，翟培军等. 生物安全实验室设施设备风险评估技术指南 [M]. 北京：中国建筑工业出版社，2018.

[7] 世界卫生组织. 实验室生物安全手册 [M]. 3 版. 日内瓦：WHO 出版，2004.

[8] 中国建筑科学研究院. 关于对建筑工业产品行业标准《生物安全柜 JG 170-2005》征求意见的函 [EB/OL]. http://www.ccsn.gov.cn/NEws/ShowInfo.aspx? Guid＝090fcb56-4E68-4f8b-8bE2-fcb2ba8c7Ef8），2018-08-31.

[9] 梁磊，冯昕，张昆东等. 高等级生物安全实验室中 Ⅱ 级 B2 型生物安全柜气流控制模式研究 [J]. 暖通空调，2018，48 (1)：20-27.

[10] 吕京，王荣，祁建城等. 生物安全实验室通风系统 HEPA 过滤器原位消毒及检漏方案 [J]. 暖通空调，2011，41 (5)：79-84.

[11] 杨华明，易滨. 现代医院消毒学 [M]. 北京：人民军医出版社，2008.

[12] 李研,陈省平,赖小敏等. 生物安全三级实验室甲醛熏蒸消毒灭菌效果评价 [J]. 中国医药生物技术,2012,7(6):463-465.

[13] 孙蓓,赵四清,李纲等. 气化过氧化氢用于生物安全实验室消毒最佳浓度及剂量探讨 [J]. 山东医药,2014,54:21-23.

[14] 贾海泉,吴金辉,衣颖等. 气体二氧化氯用于空间消毒的评价 [J]. 军事医学,2013,37(1):33-38.

[15] 王艳秋,孙利群,刘晓杰等. 二氧化氯气体用于生物安全三级实验室消毒效果的评价 [J]. 中国消毒学杂志,2015,32(1):13-15.

[16] 曹国庆,许钟麟,张益昭等. 洁净室气密性检测方法研究——国标《洁净室施工及验收规范》编制组研讨系列课题之八 [J]. 暖通空调,2008,38(11):1-6.

[17] 蒋晋生,张义,陈杰云等. 生物安全型高压灭菌器在BSL-3实验室中的应用 [J]. 中国医院建筑与装备,2013,14(8):99-101.

[18] 张亦静,吴新洲. 高级别大动物生物安全实验室的废水废物处理 [J]. 给水排水,2008,34(2):79-83.

[19] 张亦静. 国外某四级生物安全实验室给排水系统介绍 [J]. 给水排水,2006,32(10):71-74.

[20] 张亦静,吴继中. 浅谈生物安全实验室活毒废水处理 [J]. 给水排水,2006,32(7):66-69.

[21] 王冠军,严春炎,武国梁等. 生物安全实验室活毒废水处理工艺研究 [J]. 军事医学,2013,37(1):27-29.

[22] 魏琨. 某生物安全实验室废水处理工艺选择 [J]. 工程建设与设计,2008,增刊:56-58.

[23] 张宗兴,衣颖,赵明等. 风口式生物安全型高效空气过滤装置的研制 [J]. 中国卫生工程学,2013,12(1):1-3,13.

[24] 张宗兴. 生物安全实验室排风高效过滤器原位检漏关键技术研究 [D]. 北京:中国人民解放军军事医学科学院,2010.

第 5 章　建筑、结构和装修

5.1　概述

生物安全实验室建筑不同于普通建筑，其建设是一项复杂的系统工程，要综合考虑实验室基地选址、总平面设计、建筑设计、结构、装修、暖通、给水排水、电气、消防、环保等基础设施和基本条件，安全、高效、舒适、节能、环保是生物安全实验室建设的理想要素。高等级生物安全实验室的各项技术参数较一般建筑物固然高出很多，但根据我国国情，生物安全实验室的建设仍然需要以实用、经济为原则，因此，仍然需要设计师拿出安全性、经济性、实用性等各方面都经过优化的设计方案。

在欧美等发达国家，生物安全实验室的设计和建设相对较为成熟，而我国在这方面起步较晚，很多经验仍需摸索积累。生物安全实验室的设计策划应熟悉实验室工作流程、实验室仪器设备、生物安全等相关专业知识，同时还应具备实验室工程设计与建筑的基本知识，即使是非常有经验的甲级建筑设计院，面对生物安全实验室建筑时，往往因为缺乏生物安全实验室设计的专业人才而需要寻求帮助。

生物安全实验室设计包括方案设计、初步设计、施工图设计三个阶段（工程竣工验收后，还需要有竣工图设计），涉及规划、工艺、结构、装修、暖通、给水排水、电气、动力、消防等多个专业，任何一本设计手册或指南都很难以将生物安全实验室的设计进行面面俱到的阐述。本书第 5、6 两章将对各专业设计要点进行探讨，其中第 5 章主要介绍生物安全实验室的建筑、结构和装修设计，第 6 章主要介绍实验室系统工程设计。以期为实验室使用者、设计者、建设者及有志于从事生物安全实验室设计与建设行业的人员提供指导与帮助。

中国建筑科学研究院在生物安全实验室设计和建设方面有着多年的研究积累，具有丰富的科研、设计、建设、检测、产品研发等方面的经验和成果。主编了《生物安全实验室建筑技术规范》GB 50346、《疾病预防控制中心建筑技术规范》GB 50881 等多部国家标准，于 2005 年在《建筑科学》杂志增刊上出版了"生物安全建筑技术"专辑论文，于 2018 年在《暖通空调》杂志第 1 期上发表"生物安全实验室专辑论文"，并出版了"生物安全手册"。本书第 5、6 章内容源于对上述科研成果的梳理，也融入了国内外其他机构科研人员的研究成果，在这两章中引用到的成果详见参考文献。

本章从生物安全实验室的选址、工艺平面设计、结构设计、装修设计四个方面进行介绍。

5.2　选址

由于近年来国内外多次发生生物安全实验室感染事件，目前对生物安全实验室项目选址，在认识上有一个严重误区，即生物安全实验室似乎成了"疾病感染和传播中心"，在选址上一定要远离城市内其他建设项目。事实上，生物安全实验室的功能是对开展的生物实验形成多重安全屏障，进行多道生物安全保护，从技术上达到"保护周边环境、保护实验人员、保护实验对象不受环境污染"的目的。建设现代生物安全实验室，其目的和功能，恰恰是最大程度上科学地避免实验中的生物致病因子对环境和社会公众的感染和传播。

实验室的生物安全防护措施，包括生物安全柜、实验人员的防护装备和实验室建筑及设备等硬件屏障，以及在严格科学的实验操作管理规程控制下的软件屏障。近年来国内外发生的生物安全实验室感染的事件，从技术上分析，既有违反实验操作管理规程的人为因素，也有因实验室设施简陋导致实验人员感染的原因。因此，在软硬件屏障措施保障上双管齐下，就可以有效地避免此类事故的再次发生。

对生物安全实验室项目选址问题，只要保证生物安全实验室与城市其他相邻建筑保持适当的间距，从技术上说，就可以保证避免可能出现的生物致病因子对周边环境的污染。表 5.2 是《生物安全实验室建筑技术规范》GB 50346—2011 第 4.1.1 条中对生物安全实验室建设项目选址的有关规定。

生物安全实验室的位置要求　　　　　　　　　　　　　　　　　表 5.2

实验室级别	平面位置	选址和建筑间距
一级	可共用建筑物，实验室有可控制进出的门	无要求
二级	可共用建筑物，与建筑物其他部分可相通，但应设可自动关闭的带锁的门	无要求
三级	与其他实验室可共用建筑物，但应自成一区，宜设在其一端或一侧	满足排风间距要求
四级	独立建筑物或与其他级别的生物安全实验室共用建筑物，但应在建筑物中独立的隔离区域内	宜远离市区。主实验室所在建筑物离相邻建筑物或构筑物的距离不应小于相邻建筑物或构筑物高度的 1.5 倍

5.3　工艺平面设计

5.3.1　一级生物安全实验室平面设计

一级生物安全实验室的平面布局如图 5.3.1 所示。应在靠近实验室的出口处设洗手池；根据工作性质和流程合理摆放实验室设备、台柜、物品等，若操作有毒、刺激性、放射性挥发物质，配备适当的负压排风柜；若操作刺激或腐蚀性物质，在 30m 内设洗眼装置，必要时应设紧急喷淋装置。

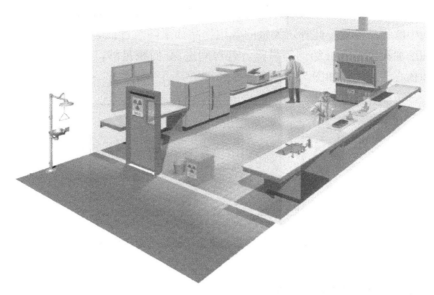

图 5.3.1　一级生物安全实验室示意图

5.3.2　二级生物安全实验室

5.3.2.1　通用要求

二级生物安全实验室的平面布局如图 5.3.2.1-1 所示。靠近实验室的出口处应设洗手池；实验室工作区域外有存放备用物品的条件；在实验室工作区配备洗眼装置；在实验室或其所在的建筑内配备高压蒸汽灭菌器或其他适当的消毒灭菌设备；在操作病原微生物样本的实验间内配备生物安全柜。

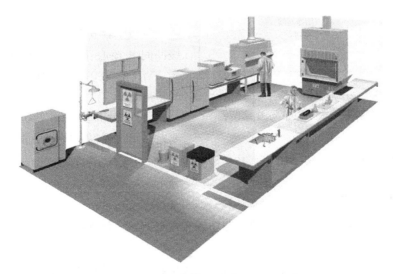

图 5.3.2.1-1　二级生物安全实验室示意图

二级生物安全实验室工作区域外应有存放备用物品的条件，备用物品通常是清洁的，不应与实验中的物品混放。此外，大量的备用物品如果随意堆放，还可能影响实验活动、妨碍逃生和增加火灾、人员绊倒等风险。若房间进深/面积足够，宜在进口处设置隔断，形成前室和核心工作间，如图5.3.2.1-2所示。

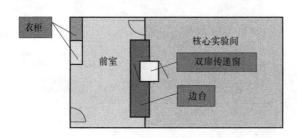

图 5.3.2.1-2　二级生物安全实验室平面布局图

5.3.2.2　负压二级生物安全实验室要求

BSL-2实验室室内压力可以呈常压状态，也可以呈负压状态；ABSL-2实验室宜呈负压状态。目前，越来越多的单位建造了负压状态的二级生物安全实验室，负压状态的二级生物安全实验室又有两种：一种是普通的负压二级生物安全实验室，一种是加强型的二级生物安全实验室，两者的区别主要在于实验室系统工程上（通风空调、给水排水、电气自控等），将在第6章予以介绍。有关加强型二级生物安全实验室的设计和建设要求，可以查阅卫生行业标准《病原微生物实验室生物安全通用准则》WS 233-2017，其对加强型生物安全二级实验室（enhanced biosafety level 2 laboratory）的定义为"在普通型生物安全二级实验室的基础上，通过机械通风系统等措施加强实验室生物安全防护要求的实验室。"

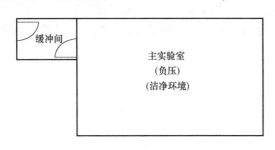

图 5.3.2.2　加强型二级生物安全实验室基本平面布局图

负压二级生物安全实验室，尤其是加强型二级生物安全实验室，实验区应包括缓冲间和核心工作间，如图 5.3.2.2 所示，WS 233-2017 对此作了明确要求，同时指出：

（1）缓冲间可兼作防护服更换间。必要时，可设置准备间和洗消间等。

（2）实验室应设洗手池；水龙头开关应为非手动式，宜设置在靠近出口处。

5.3.2.3　常见问题

有关二级生物安全实验室的建筑平面布局和常见问题，江苏省疾病预防控制中心谢景欣教授进行了专门研究，这里予以简介。

加强型二级生物安全实验室（常规负压二级生物安全实验室可参照）工艺平面设计常见问题包括：

（1）缓冲间的位置问题（见图 5.3.2.3-1）：缓冲间应与核心工作间相邻相通，不应在两者之间再设置准备间等功能用房。

（2）缓冲间共用问题（见图 5.3.2.3-2）：缓冲间应与核心工作间一一对应，不应多个核心工作间共用一个缓冲间（即缓冲走廊），否则起不到有效的缓冲隔离作用，会增加交叉污染的风险。

（3）风淋室使用问题：风淋室一般情况下适用于正压洁净室，用于保护正压洁净室的洁净度（一般洁净度等级高于 ISO7 级）。但不适用于生物安全实验室，图 5.3.2.3-3 所示的设计是不适宜的，增加了投资与交通的难度。

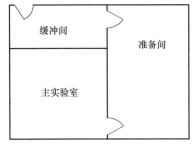

图 5.3.2.3-1　加强型二级生物安全实验室缓冲间位置不当

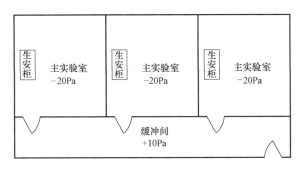

图 5.3.2.3-2　加强型二级生物安全实验室缓冲间共用问题

5.3.3　三级生物安全实验室

5.3.3.1　通用要求

近年来，我国许多科研院所、疾病预防控制中心、动物疫病预防控制中心、检验检疫部门等纷纷建造了生物安全实验室。欧美等国家在高等级生物安全实验室的设计和建设方面的技术趋于成熟，我国生物安全实验室的建设虽然起步较晚，但近十年来发展非常迅速，也积累了一定的技术

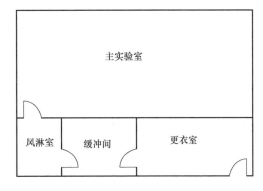

图 5.3.2.3-3　加强型二级生物安全实验室风淋室使用问题

和经验教训，尤其是高等级生物安全实验室的设计和建设。

三级生物安全实验室的平面布局如图 5.3.3.1 所示。应在实验室工作区配备洗眼装置；在实验室防护区内设置生物安全型高压蒸汽灭菌器；在操作病原微生物的实验间内配备生物安全柜。

5.3.3.2　工艺流程

三级生物安全实验室的工艺平面布局应注意人员进出实验室的人流路线、洁物进入和

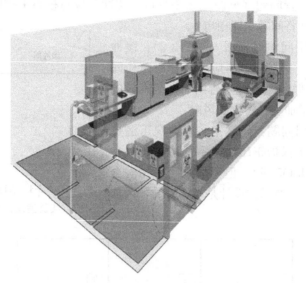

图 5.3.3.1　三级生物安全实验室示意图

污物离开实验室的物流路线的合理布置，过于繁琐的工艺流程只能增加使用的不便。在设计平面布局时，应尽可能做到人流、物流通道简捷流畅，应避免设置太多的压力梯度，以免造成相邻房间之间的压差太小，系统运行不稳定和对控制提出过高要求。

5.3.3.3　功能分区

三级生物安全实验室应明确区分辅助工作区和防护区，应在建筑物中自成隔离区或为独立建筑物，应有出入控制。若实验室不是独立的建筑物，则应与同一建筑内的其他区域隔离开。例如，可将实验室置于走廊的盲端，或设隔离区和隔离门，或经缓冲间进入。

实验室防护区是指生物风险相对较大，需对实验室的平面设计、围护结构的密闭性、气流，以及人员进入、个体防护等进行控制的区域。辅助工作区是为实验室提供技术保障和后勤服务的区域，如监控室、清洁衣物更换间、淋浴间、洗消间等。应在实验室设计阶段就明确防护区和辅助区的范围，并考虑与实验室相邻区域的隔离措施。

《实验室　生物安全通用要求》GB 19489—2008 和《生物安全实验室建筑技术规范》GB 50346—2011 对三级生物实验室防护区有明确定义，如表 5.3.3.3 所示。

我国标准有关三级生物安全实验室防护区定义　　　　　　表 5.3.3.3

标准	类别	条文号	防护区定义或气密性条文要求
GB 19489—2008	BSL-3	6.3.1.3	适用于 4.4.1 的实验室辅助工作区应至少包括监控室和清洁衣物更换间；防护区应至少包括缓冲间（可兼作脱防护服间）及核心工作间
		6.3.1.4	适用于 4.4.2 的实验室辅助工作区应至少包括监控室、清洁衣物更换间和淋浴间；防护区应至少包括防护服更换间、缓冲间及核心工作间
	ABSL-3	6.5.3.5	适用于 4.4.1 实验室的防护区应至少包括淋浴间、防护服更换间、缓冲间及核心工作间。当不能有效利用安全隔离装置饲养动物时，应根据进一步的风险评估确定实验室的生物安全防护要求

续表

标准	类别	条文号	防护区定义或气密性条文要求
GB 50346—2011	BSL-3	4.1.3	BSL-3 中 a 类实验室防护区应包括主实验室、缓冲间等，缓冲间可兼作防护服更换间；辅助工作区应包括清洁衣物更换间、监控室、洗消间、淋浴间等；BSL-3 中 b1 类实验室防护区应包括主实验室、缓冲间、防护服更换间等。辅助工作区应包括清洁衣物更换间、监控室、洗消间、淋浴间等。主实验室不宜直接与其他公共区域相邻
	ABSL-3	4.1.4	ABSL-3 实验室防护区应包括主实验室、缓冲间、防护服更换间等，辅助工作区应包括清洁衣物更换间、监控室、洗消间等

注：生物安全实验室根据所操作致病性生物因子的传播途径可分为 a 类和 b 类。a 类指操作非经空气传播生物因子的实验室；b 类指操作经空气传播生物因子的实验室。b1 类生物安全实验室指可有效利用安全隔离装置进行操作的实验室；b2 类生物安全实验室指不能有效利用安全隔离装置进行操作的实验室。

GB 19489—2008 规定的适用于 4.4.2 的 BSL-3 实验室，是最常见、应用最广泛的一类实验室，常见工艺平面如图 5.3.3.3 所示，主要利用生物安全柜作为一级隔离屏障。由于操作的是经空气传播的致病性生物因子，为防止有害气溶胶扩散，核心工作间要尽可能设置在中部或设计隔离空间，不宜直接与其他公共区域相邻，否则要采取有效措施确保围护结构的严密性。

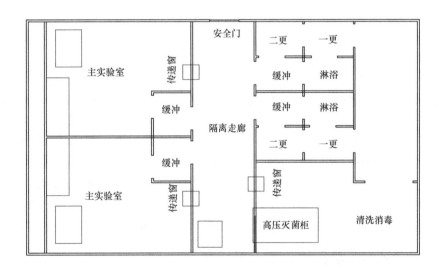

图 5.3.3.3　适用于 4.4.2 的三级生物安全实验室平面示意图

5.3.3.4　主实验室数量设置原则

生物安全实验室的核心是安全，为防止交叉污染，设立主实验室数量必须遵循以下原则：

（1）在同一个实验室的同一个独立安全区域（例如一个主实验室）只能开展一种高致病性病原微生物的实验活动。

（2）在征得有关主管部门同意并按照规定彻底消毒灭菌后，也可在原主实验室内改变其微生物的研究种类，但不能同时从事两种以上病原微生物的研究。

5.3.4 四级生物安全实验室

5.3.4.1 简介

四级生物安全实验室是生物安全防护等级要求最高的实验室，所涉及的病原微生物通常能引起人或动物的严重疾病，并有极强的传染性，对感染一般没有有效的预防和治疗措施。防止该类实验室防护区内病原微生物向周围环境扩散是确保该类实验室生物安全的关键措施之一，而实验室防护区围护结构气密性是实验室与外界环境隔离的物理基础，是生物安全可靠性的重要保证。

四级生物安全实验室应建造在独立的建筑物内或建筑物中独立的隔离区域内，其典型工作流程如图5.3.4.1所示。实验室区域应有严格限制进入实验室的门禁措施，应记录进入人员的个人资料、进出时间、授权活动区域等信息；对与实验室运行相关的关键区域也应有严格和可靠的安保措施，避免非授权进入。

图 5.3.4.1 四级生物安全实验室典型工作流程示意图

目前我国已建成四级生物安全实验室，初步积累了该类实验室的设计、建设和检测验收经验，促进了现行国家标准《实验室 生物安全通用要求》GB 19489—2008 和《生物安全实验室建筑技术规范》GB 50346—2011 的执行力度，但也出现了对四级生物安全实验室防护区范围和围护结构气密性要求的不同观点和理解。对此，吕京、王荣、曹国庆在其文献《四级生物安全实验室防护区范围及气密性要求》中对比分析了国内外相关国家标准有关防护区范围及气密性要求，结合国内现有四级生物安全实验室的设计理念和建设现状，探讨了我国四级生物安全实验室防护区气密性要求的必要性，给出了相关建议。

5.3.4.2 国内外标准要求

1. 国外标准

（1）加拿大

加拿大于 2015 年 3 月 11 日颁布了《加拿大生物安全标准（第二版）》（以下简称加拿大标准），该标准给出了防护区围护结构气密性要求和测试方法，验收评价依据为：对防护屏障（containment barrier）进行连续两次的−500Pa压力衰减法测试，均满足 20min内自然衰减的气压小于 250Pa 的要求。防护屏障（containment barrier）是指防护区内清洁区与污染区的边界，对 P4 实验室而言边界为淋浴间，即内防护服更换间不属于防护屏障。

防护区是指实验室区域内生物风险相对较高，需对实验室的平面设计、围护结构的气密性、气流，以及人员进入、个体防护等进行控制的区域。防护屏障与防护区的识别至关重要，决定了人员和物品进、出口节点设置，气密门的设置，以及在哪里穿、脱个人防护装备，一般情况下应在设计阶段予以明确。

加拿大标准指出，P3、P4 实验室的防护区（containment zone）包括专用实验室区（dedicated laboratory areas）、独立动物房（separate animal rooms）、动物小隔间（animal cubicles）以及专用辅助区域（dedicated support areas），包括前室（anterooms），如淋浴间（showers）、内防护服更换间（clean change areas）和外防护服更换间（dirty change areas）。

2015 年 3 月出版的《加拿大生物安全手册（第二版）》（以下简称加拿大手册）给出了一个 P4 实验室防护区示例图，如图 5.3.4.2-1 所示。图中粗线范围内为防护区，需要穿正压防护服，通过前室（anteroom，如图中的 Clothing/Clean Change Area，Animal/Equipment Anteroom，Barrier Autoclave）与外界连接。可以看出防护区内属于高风险污染区，人员离开防护区需要经过化学淋浴消毒灭菌，污物离开防护区需要经过双扉高压灭菌锅消毒灭菌，此时防护区外生物安全风险相对较低。

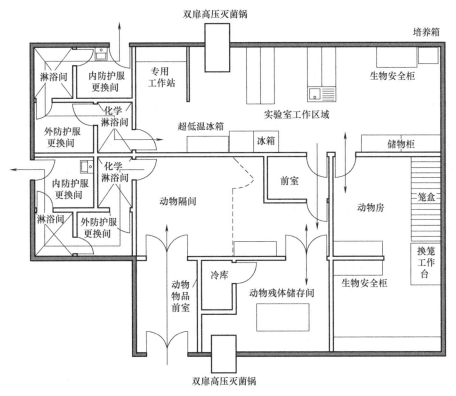

图 5.3.4.2-1 P4 实验室防护区（穿正压防护服）示例图

（2）美国

美国截至目前尚无有关生物安全实验室设计、建设、调试、运行与维护方面统一的国家标准，各生物安全实验室的建设依据当地标准或法规，美国 BMBL（BiosafEty in Microbiological and BiomEdical Laboratory，微生物与生物医学实验室生物安全）给出了生物安全实验室设计、建设与运行要求，但 BMBL 属于指南，对各实验室的约束力有限。据不完全统计，在美国注册登记的高等级生物安全实验室（BSL-3、BSL-4）数量从 2008 年的 1362 个上升至 2010 年的 1495 个。美国政府问责局（US GAO）调查了美国高级别生物安全实验室的建设和管理现状，发现美国某 P4 实验室曾发生过电力中断而造成生物防护屏障失效。从而认为任何一个实验室都不存在零风险，从全国看，随着实验室数量的增多，风险的积累可能会使国家的总体生物风险增加。因此，GAO 分别于 2009 年、2013 年两次提交报告给政府相关部门，强烈建议制订统一的高等级生物安全实验室国家标准。

BMBL 指出人员退出正压服型 P4 实验室需要依次经过化学淋浴（chemical shower）、内更衣间（Inner（dirty）change room）、淋浴间（personal shower）、外更换间（outer（clean）changing area），对于安全柜型 P4 实验室，顺序同上，只是少了化学淋浴间。

BMBL 对 P4 实验室防护区围护结构有密封要求，对气密性指标及测试方法未予以说明，但在附录 D 农业病原微生物安全要求中明确指出了 BSL-3-Ag 实验室防护区围护结构的气密性要求，推荐测试方法为 ARS Facilities Design Manual（美国农业科学研究院建筑设施设计手册，以下简称 ARS 手册）的附录 9B 给出的压力衰减法测试。BMBL 的附录 D 指出防护区（containment spaces）的设计与建设应按一级防护屏障（primary containment barriers）考虑，进入防护区的人员路线包括"洁"更衣间（a "clean" change room outside containment）、淋浴间（a shower room at the non-containment/containment boundary）、"污"更衣间（a "dirty" change room within containment），可以看出 containment 的边界在淋浴间。人员离开实验室的操作步骤为：脱"污"实验服（remove "dirty" lab clothing）、淋浴（take a shower）、穿"洁"实验服（put on "clean" lab clothing）离开高污染风险区，当需要离开该实验室设施时，操作人员将在控制通道进行另一次淋浴，然后穿上自己的衣服离开（When leaving the facility, these personnel would take another shower at the access control shower and put on their street clothing.）。

ARS 手册附录 9B-4 给出了防护区房间或围护结构气密性要求及测试方法，验收评价依据为连续两次（中间间隔 20min）−500Pa 的压力衰减法测试，均满足 20min 内自然衰减的气压小于 250Pa 的要求。

（3）澳大利亚/新西兰

澳大利亚/新西兰于 2010 年 9 月 17 日颁布了澳大利亚/新西兰标准《实验室安全第三部分：微生物安全与防护》（以下简称澳新标准），该标准第 5.5.2、6.7.3 节分别给出了 BSL-4、ABSL-4 生物安全实验室建筑要求，第 5.5.2.1、6.7.3.1 节的 c）均指出淋浴间外侧门构成了实验室防护边界以用于消毒灭菌（The outer shower door shall form the laboratory containment boundary for decontamination purposes.），第 5.5.2.1、6.7.3.1 节的 e）指出双扉高压灭菌器外侧门应开在防护（设施）区外，应与防护（设施）区围护结构密封（The outer sterilizer door shall open to the area external to the facility, and shall be sealed to the containment perimeter of the facility.）。

可以看出澳新标准有关防护区的定义与加拿大标准基本一致。澳新标准在附录 H 给出了防护区围护结构气密性要求，指出气密性要求与病原微生物泄漏风险、空间消毒气体泄漏风险等因素有关，在 H5 节给出了防护区围护结构气密性要求确定方法（Determination of containment structure integrity），在 H6 节给出了实际应用标准要求（Practical application of criteria），对 P3、P4 实验室而言推荐的最大泄漏率为 $10^{-5}\,\mathrm{m^3/(Pa \cdot s)}$（The recommended maximum leakage rate，β，for PC3 and PC4 laboratories is 10^{-5}，at a test pressure of 200 Pa），测试方法为 200Pa 恒压法测试，也可以采用－200Pa 恒压法测试。另外，澳新标准指出气密性测试可以采用压力衰减法测试，但不容易满足要求（Other test methods involving pressure decay can be adapte Ed to provide a measure of air leakage but have been found less satisfactory.）。

2. 国内标准

《实验室　生物安全通用要求》GB 19489—2008 和《生物安全实验室建筑技术规范》GB 50346—2011 对 P4 实验室防护区及气密性要求有明确定义，如表 5.3.4.2 所示。

我国标准有关 P4 实验室防护区定义及气密性要求　　　　　　　表 5.3.4.2

标准	类别	条文号	防护区定义或气密性条文要求	备注
GB 19489—2008	BSL-4	6.4.3	适用于 4.4.2 的实验室防护区应至少包括防护走廊、内防护服更换间、淋浴间、外防护服更换间和核心工作间	防护区定义
		6.4.4	适用于 4.4.4 的实验室防护区应包括防护走廊、内防护服更换间、淋浴间、外防护服更换间、化学淋浴间和核心工作间	防护区定义
		6.4.8	实验室防护区围护结构的气密性应达到在关闭受测房间所有通路并维持房间内的温度在设计范围上限的条件下，当房间内的空气压力上升到 500 Pa 后，20min 内自然衰减的气压小于 250Pa	气密性要求，在附录 A.2.3.1 中明确是负压测试
GB 50346—2011	BSL-4 ABSL-4	4.1.5	四级生物安全实验室防护区应包括主实验室、缓冲间、外防护服更换间等，设有生命支持系统四级生物安全实验室的防护区应包括主实验室、化学淋浴间、外防护服更换间等，化学淋浴间可兼作缓冲间	防护区定义
		10.1.6 第 3 条	四级生物安全实验室的主实验室应采用压力衰减法检测，有条件的进行正、负压两种工况的检测	气密性要求
		3.3.2	（主实验室）房间相对负压值达到－500Pa，经 20min 自然衰减后，其相对负压值不应高于－250Pa	气密性要求

对表 5.3.4.2 进行分析可以看出：

（1）GB 19489—2008 和 GB 50346—2011 对防护区的定义不完全一致，GB 19489—2008 明确指出淋浴间、内防护服更换间、防护走廊属于防护区。

（2）GB 19489—2008 对围护结构气密性有要求的是整个防护区，即包括了淋浴间、内防护服更换间、防护走廊，而 GB 50346—2011 对气密性要求仅涉及主实验室。

（3）GB 19489—2008 和 GB 50346—2011 对 P4 实验室围护结构气密性测试方法的要求均是－500Pa 压力衰减法，虽然 GB 19489—2008 在正文第 6.4.8 条没有明确是－500Pa 还是＋500Pa 压力衰减法，但在附录 A.2.3.1 里明确了是负压测试。

3. 国内外对比分析

通过上述分析可以看出：

（1）加拿大、美国、澳大利亚/新西兰相关标准（以下简称加美澳标准）对 P4 实验室防护区范围的界定基本一致，即包括"洁"防护服（即内防护服）更换间、淋浴间、"污"防护服（即外防护服）更换间、化学淋浴（安全柜型实验室没有该房间）、核心工作间。

（2）加美澳标准对 P4 实验室防护区气密性要求的区域基本一致，即包括淋浴间、外防护服更换间、化学淋浴（安全柜型实验室没有该房间）、核心工作间。我国 GB 19489—2008 看似多了内防护服更换间，其实该标准只要求外防护更换间为气锁（第 6.4.3 条），而在实践中淋浴间和内防护更换间通常是一体设计的，所以 GB 19489—2008 实际上并无提高要求。在气密性测试及评价方法方面的差异，加拿大、美国测试及评价方法相同，均采用连续两次−500Pa 压力衰减法进行评价，而澳新标准测试方法为 200Pa 恒压法测试，正负压测试条件均可，相对来说澳新标准对气密性的要求比加拿大、美国偏低。

（3）澳新标准对 P3 实验室防护区围护结构气密性有恒压法测试要求。

（4）我国 GB 19489—2008 对防护区的定义比加美澳标准多了防护走廊。

由于内防护服更换间、淋浴间一般面积较小，且其围护结构往往只有两道门，气密性要求相对比较容易实现；但目前实验室建设的防护走廊一般面积较大，且其围护结构往往有多道门，有的甚至设置 10～20 道门，所以问题的焦点在于防护走廊的气密性要求。

如果细读 GB 19489—2008 可以看到标准要求 P4 核心工作间应尽可能设置在防护区的中部（第 6.4.5 条要求，国外标准的要求也是如此），并不要求防护走廊必须是环形防护走廊，防护走廊应是核心工作间和辅助工作区之间的屏障，所以，在设计时应仔细评估风险及考虑如何安排防护区布局，完全可以避免过大的防护走廊而带来的气密性测试困难。图 5.3.4.2-2 是依据 GB 19489—2008 4.4.2 的要求，建议的一种 P4 实验室防护区布局，可以看到在该布局中尽量减小了防护走廊的面积。对 GB 19489—2008 的正确理解是，P4 防护区的建筑质量是相同的，外防护服更换间是气锁，淋浴、内防护服更换间不要求门的气密性，进入防护区的门应该是气密性的。GB 19489—2008 要求辅助工作区设清洁衣物更换间（更换自己的衣物）和监控室，人员通过清洁衣物更换间进入 P4 防护区。加拿大标准也明确要求人员必须要通过一个专门设置的"前室"（anteroom）进入 P4 的防护区。

为了工作方便，我国标准规定可以设置传递窗（见图 5.3.4.2-2）或双扉高压灭菌器，实际上造成了"通道"，泄漏的概率增加，因此，防护走

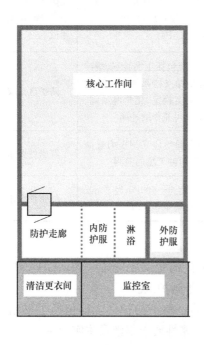

图 5.3.4.2-2 一种减小防护走廊的 P4 实验室防护区（蓝色粗线区域）布局

图中文字：核心工作间；防护走廊；内防护服；淋浴；外防护服；清洁更衣间；监控室

104

廊气密性并不是多余的要求。

5.3.4.3 防护区的建设要求及国内现状

1. 盒中盒设计理念

《实验室 生物安全通用要求》GB 19489—2008 给出的 P4 实验室主要包括两种类型：一种是适用于 4.4.2 的 P4 实验室（俗称安全柜型 P4 实验室），使用Ⅲ级生物安全柜或相当的安全隔离装置操作致病性生物因子，不要求配备生命支持系统和正压防护服；另一种是适用于 4.4.4 的 P4 实验室（俗称正压服型 P4 实验室），配备生命支持系统和正压防护服，可使用Ⅱ级生物安全柜或相当的安全隔离装置操作致病性生物因子，同时必须具备对正压服进行消毒的化学淋浴间。正压服型 P4 实验室是目前最常见、应用最广、防护级别最高的一类实验室。

根据目前各国 P4 实验室的建设经验，"盒中盒"的设计和建设理念被广泛接受，如图 5.3.4.3-1 所示。

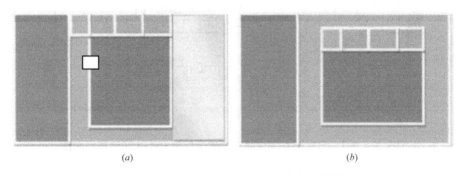

(a)   (b)

图 5.3.4.3-1 P4 实验室平面（局部，盒中盒结构）示意图

（a）无环形防护走廊；（b）带环形防护走廊

"盒中盒"是立体概念，水平防护可通过防护走廊、功能间等实现，在垂直方向可通过设备层和污水处理层实现，国际上大多数实验室的建筑结构采用三层或更多层的结构，如图 5.3.4.3-2 所示。图 5.3.4.3-2 所示建筑为三层：中间层（染色区域）为实验层；下

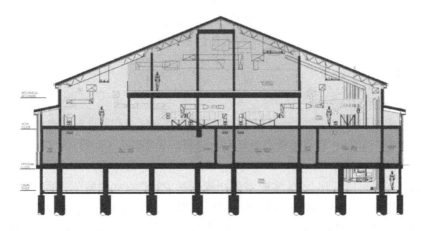

图 5.3.4.3-2 盒中盒垂直方向三层或更多层结构示意图

层为污水、污物处理设备层;上层为空调、净化设备及管道层,其中的空调设备层又做了局部四层。

图 5.3.4.3-3 是日本国立卫生研究所的安全柜型 BSL-4 实验室平面图,粗实线框内区域为加美澳标准规定的防护区(containmEnt zonE/spacE),虚线框内区域可视为 GB 19489—2008 规定的防护区(多了防护走廊,insidE corridor),可以将 containmEnt zonE 外围的 insidE corridor 看成是次级防护屏障,体现了生物安全实验室的"物理屏障"和"盒子中的盒子"的防护理念,明确了生物安全实验室防护边界的设置原则,利于指导实验室的设计、建设和管理。

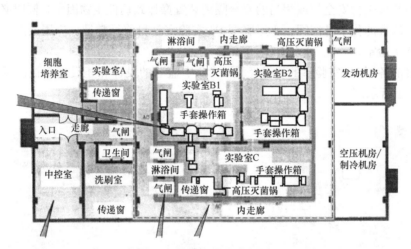

图 5.3.4.3-3　日本国立卫生研究所安全柜型 BSL-4 实验室平面图

2. 防护区建设要求

既然采用了"盒中盒"设计理念和原则,自然对"盒子"的气密性就有严格要求,其道理不言而喻。实验室正常运行时,靠气压"密封",即所谓动态"密封";在故障、停运、熏蒸消毒、事故等时,靠结构的物理密封保证与外界的隔离,即所谓静态"密封"。

各国标准对防护区围护结构气密性要求并未达到绝对不泄漏,某些情况下泄漏难以避免,从安全角度考虑,本着主动防御,增加安全系数,基于我国缺少 P4 实验室设计、建设、验收和运行管理的实际国情,《实验室　生物安全通用要求》GB 19489—2008 增设防护走廊这一次级防护屏障且对其围护结构气密性提出要求是必要的。

5.3.4.4　探讨

1. 经济性分析

我国已建成大量 P3 实验室及部分 P4 实验室,对 P3、P4 实验室建设初投资有了基本的认识,表 5.3.4.4 给出了两者投资概算对比分析,表中的 $a \sim h$ 为 P3 实验室各专业投资额,以其作为基数。

从表 5.3.4.4 可以看出,P4 实验室的初投资是 P3 实验室的数倍,而 P3 实验室建设初投资本身又是常规实验室投资的数倍,用巨额投资来形容 P4 实验室的建设并不为过。相比较来说,保证 P4 实验室防护走廊气密性的初始投资就微不足道了,防护走廊这一次级屏障的气密性对于降低病原微生物外泄风险有事半功倍的效果。特别是在我国,从没有

P3、P4 实验室建设初投资概算对比表　　　　　　　　表 5.3.4.4

	BSL-3/ABSL-3	BSL-4/ABSL-4
建筑主体和结构	a	$4a$
内部隔墙	b	$3b$
地面	c	c
通风净化空调系统	d	$7d$
电气自控(强弱电系统)	e	$5e$
给排水系统(管道)	f	$3f$
气体系统	g	$3g$
废液处理/高压灭菌锅	h	$2h$
正压防护服、化淋等		i

P4 的建设、使用、维护经验，围护结构的气密性本身达不到零泄漏，我国的建筑材料、施工工艺、施工监理、认可等均无设施长期运行质量保证的资料，比如，我国的 P4 实验室建设周期相对短或缺乏对建筑本身的研究，达不到国外一些实验室自然形变控制的要求等。因此，未知的、不可控的风险依然存在不少，在这种状态下，采取相对保守的防护原则是明智之举。毕竟，生物安全四级风险是社会不可接受的风险，如何做到"零"风险？设施的安全性是唯一客观可评估的指标。

2. 立足国情

P4 实验室对我国是新生事物，建设者和使用者均无经验。我国实验室多为从事疾病控制的综合性实验室，所从事研究的对象不确定性大，因而要求实验室的适用性广，为确保安全，《实验室　生物安全通用要求》GB 19489—2008 的要求比国外的同类标准更细致和明确。

标准是与国家的发展阶段和社会的认知程度密不可分的，我国是人口大国、畜牧业大国，从社会安全的角度考虑，四级生物安全实验室源性感染是不可接受的风险，采取相对保守的措施更符合我国的国情。

应注意，日本的 BSL-4 是生物安全柜型的细胞或小动物水平的生物安全实验室，仍采用了有密封要求的环形走廊作外补充防护措施。即便如此，由于民众的长期反对，该实验室声称从未从事过 P4 水平的实验室活动。包括欧美一些的 P4 实验室，其实也未从事过 P4 水平的实验室活动。

国外也有实验室不是严格按照上述原则建造的，其是通过加强管理而达到安全运行的目的，例如采取定期验证、严格限定实验活动等措施。国外多要求 P4 实验室每年要重新验证。比如，法国里昂的 P4 生物安全实验室要求每六个月由生物安全团队检测实验室的气密性，每年由专业公司进行整个实验室和各管道的气密性检测。专家认为，目前的压力和泄漏标准是建筑质量指标，但是否足以确保生物气溶胶或危险气体不造成危害仍需进一步研究。Pike 对 3291 个实验室相关感染事件进行了统计，可查明原因的只有 18%，不明原因的达 82%。对比国外的 P4 实验室布局和要求，我国的标准要求并不是过高，澳新标准对 P3 实验室防护区围护结构气密性也有恒压法测试要求，而我国、美国、加拿大仅对开放饲养动物的 P3 实验室有气密性测试要求，说明围护结构的气密性十分重要。在实验室消毒、送排风系统异常等情况下难以保证防护区内不出现正压或定向流紊乱，此时，如果防护区围护结构的气密性不好就会有较大的安全隐患。

从国外 P4 实验室的运行实践看，P4 实验室的事故时有报道，说明国外 P4 实验室设施或管理方面仍存在较大的安全漏洞，在科学上仍存在探索空间。这种无标准的状况也引起了包括美国政府部门的担忧，认为统一的国家标准和现代的生物安全技术对于高等级生物安全实验室的建设、运行、维护、管理是非常必要的。

从实验室技术和生物安全技术的发展趋势来看，一是要求是在提高，比如新发布的 ISO 16890 提高了对一般通风过滤器性能测试和分级的要求；二是智能化、机器人化的进程在加速。所以，对防止危险因素泄漏、有效保护环境、保护社区安全的要求就应更得到重视。

从人类对自己健康福祉的要求看，人类的财富越多、文明程度越发达、科技越发展，对有害于人类的各种重大风险的控制就会更加主动、投入就会更多。需意识到"多安全才是安全"是一个难以回答的问题，安全的需求是动态的。安全原则要遵循利弊均衡，在很多时候特别是对于不可接受的风险应采取保守措施。

5.3.4.5　小结

（1）四级生物安全实验室对我国是新生事物，建设者和使用者均无经验。未知的、不可控的风险依然存在不少，在这种状态下，采取相对保守的防护原则是明智之举。我国是人口大国、畜牧业大国，从社会安全的角度考虑，生物安全问题小心谨慎不过分，生物安全四级风险是社会不可接受的风险，而设施的安全性则是唯一客观可评估的指标。从我国的财政能力看，完全可以负担更加安全的生物安全实验室的投资，且符合国家的整体利益和长远发展的需求。

（2）国内外大量 P4 实验室建设经验表明"盒中盒"的设计和建设理念是该类实验室建设应遵守的基本原则，"盒中盒"是立体防护原则。

（3）《实验室　生物安全通用要求》GB 19489—2008 对防护区范围和围护结构气密性的要求比国外的同类标准或指南更细致和明确。在设计 P4 实验室时，应仔细评估风险及考虑如何安排防护区布局，可以避免过大的防护走廊而带来的气密性测试困难。

（4）从实验室技术和生物安全技术的发展趋势来看，一是要求在提高，二是智能化、机器人化的进程快速，所以，对防止危险因素泄漏、有效保护环境、保护社区安全的要求就应更得到重视。从人类对自己健康福祉的要求看，人类的财富越多、文明程度越发达、科技越发展，对有害于人类的各种重大风险的控制就会更加主动、投入就会更多。

（5）从国外 P4 实验室的运行实践看，P4 实验室的事故时有报道，说明国外 P4 实验室设施或管理方面仍存在较大的安全漏洞。包括美国政府也意识到了统一的国家标准和现代的生物安全技术对于高等级生物安全实验室的建设、运行、维护、管理是非常必要的。

（6）目前我国特别需要积累建筑材料、施工工艺、施工监理、认可等与设施长期运行可靠性有关的资料。

5.4 结构设计

5.4.1 标准要求

国家标准《生物安全实验室建设技术规范》GB 50346—2011 第 4.3 节对生物安全实验室建筑的结构安全等级、抗震设防类别、地基基础等级等进行了规定，汇总如表 5.4.1 所示。

GB 50346—2011 有关实验室结构设计的要求　　　　　　　　　　表 5.4.1

类型	条文号	条 文 要 求
结构	4.3.1	生物安全实验室的结构设计应符合现行国家标准《建筑结构可靠度设计统一标准》GB 50068 的有关规定。三级生物安全实验室的结构安全等级不宜低于一级，四级生物安全实验室的结构安全等级不应低于一级
	4.3.4	三级和四级生物安全实验室的主体结构宜采用混凝土结构或砌体结构体系
	4.3.5	三级和四级生物安全实验室的吊顶作为技术维修夹层时，其吊顶的活荷载不应小于 $0.75kN/m^2$，对于吊顶内特别重要的设备宜作单独的维修通道
抗震	4.3.2	生物安全实验室的抗震设计应符合现行国家标准《建筑抗震设防分类标准》GB 50223 的有关规定。三级生物安全实验室抗震设防类别宜按特殊设防类，四级生物安全实验室抗震设防类别应按特殊设防类
地基	4.3.3	生物安全实验室的地基基础设计应符合现行国家标准《建筑地基基础设计规范》GB 50007 的有关规定。三级生物安全实验室的地基基础宜按甲级设计，四级生物安全实验室的地基基础应按甲级设计

我国三级生物安全实验室很多是在既有建筑物的基础上改建而成，而我国大量的建筑物结构安全等级为二级；根据具体情况，可对改建成三级生物安全实验室的局部建筑结构进行加固。对新建的三级生物安全实验室，其结构安全等级应尽可能采用一级。

根据现行国家标准《建筑抗震设防分类标准》GB 50223 的规定，研究、中试生产和存放剧毒生物制品和天然人工细菌与病毒的建筑，其抗震设防类别应按特殊设防类。因此，在条件允许的情况下，新建的三级生物安全实验室抗震设防类别按特殊设防类，既有建筑物改建为三级生物安全实验室，必要时应进行抗震加固。

既有建筑物改建为三级生物安全实验室时，根据地基基础核算结果及实际情况，确定是否需要加固处理。新建的三级生物安全实验室，其地基基础设计等级应为甲级。

三级和四级生物安全实验室技术维修夹层的设备、管线较多，维修的工作量大，故对吊顶规定必要的荷载要求，当实际施工或检修荷载较大时，应参照现行国家标准《建筑结构荷载规范》GB 50009 进行取值。吊顶内特别重要的设备指风机、排风高效过滤装置等。

5.4.2 基本结构模式

一级、二级生物安全实验室对建筑结构没有特殊要求，我国三级生物安全实验室很多是在既有建筑物的基础上改建而成的，故这里所说的"基本结构模式"及下一小节所述的"结构形式"专指为独立建筑物的四级生物安全实验室（或大动物三级生物安全实验室），新建的三级生物安全实验室独立建筑物同样适用。发达国家早在20世纪就建造了（动物）生物安全四级实验室（（A）BSL-4）。目前建有（A）BSL-4的国家和地区有美国、加拿大、德国、法国、澳大利亚、日本等。

5.4.2.1 三层结构

目前世界上大多数国家的四级生物安全实验室采用三层结构方式，如加拿大人类及动物卫生科学检验中心（Canadian Science Center for Human and Animal Health，CSCHAH），BSL-4实验区剖面如图5.4.2.1所示。该中心隶属于加拿大公共卫生局和食品检验局两个政府部门的机构，下设全国微生物实验室和国家外来动物疫病中心两个单位。微生物实验室属于公共卫生局，国家外来动物疫病中心属于食品检验局。CSCHAH位于加拿大气候寒冷的温尼伯，始建于1992年，一期工程于1999年投入使用。总建筑面积29 300m²，BSL-3和BSL-4实验室约3 000m²，其中BSL-4实验室占20%，是加拿大唯一的四级生物安全实验室，也是世界上第一个并且是唯一的关于人类和动物健康的四级生物安全实验室（赵侠，2013）。

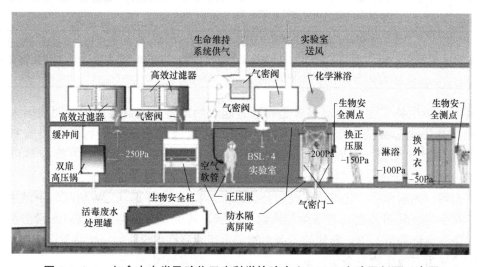

图5.4.2.1 加拿大人类及动物卫生科学检验中心 BSL-4 实验区剖面示意图

基建工程是在多次专家论证的基础上进行的。建设时，BSL-3和BSL-4实验室曾建立等比例实物模型进行密闭性和气压试验。设施内共有大动物实验室14间，其中1间为ABSL-4。该建筑采用3层竖向功能分区的结构形式：

（1）首层为废弃物处理层，主要有液体废物收集管道、液体废弃物处理设备和固体废弃物处理设备。为了防止意外泄漏造成的生物安全事件，液体废弃物处理和固体废弃物处理间压力应为负压，气流方式和气密性与 BSL-3 实验室相同。

（2）第二层为实验室生物安全防护区，即含有三、四级生物安全实验室的工作层。从普通实验室环境进入实验室核心区，首先要经过一道带有密码锁的门进入环形走廊，经由两道气密门构成的淋浴室后，进入正压服更换间，更换正压服后再经由两道气密门构成的化学淋浴室，才能进入核心区。

（3）顶层为高效空气过滤装置和空调设备层，主要设备有给排气的高效过滤器单元、风机、空调机组、化学淋浴设备等。多数国家的三、四级生物安全实验室空气处理层不要求负压和气密性。

5.4.2.2 五层结构

部分实验室采用了五层结构方式，如澳大利亚动物健康实验室（Australian Animal Health Laboratory，AAHL），如图 5.4.2.2 所示。AAHL 是澳大利亚联邦科学与工业研究组织（CSIRO）下属的重要科研机构，1985 年耗资 1.5 亿澳元建立，是澳大利亚全国动物卫生研究的重要机构，也是世界上最大、最安全、最经典的动物实验室之一。主要从事动物疫病诊断和研究，开发新试剂、疫苗和药物以及提供相关政策咨询等工作。AAHL 总建筑面积约 50 000m²，防护区约 19 000m²，总高约 22m，共 5 层，实验室的建筑形式为"盒中盒"（box-within-a-box），防护区的外轮廓为混凝土，混凝土墙体外再砌筑建筑墙体（赵侠，2013）。

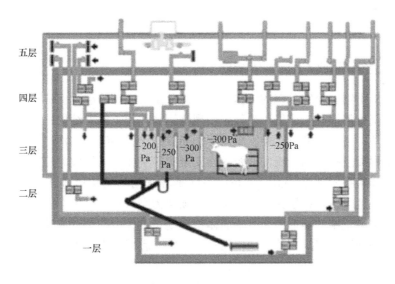

图 5.4.2.2 澳大利亚动物健康实验室剖面示意图

（1）第一层为废物处理层，层高 5m（不含局部下沉部分），主要有高压灭菌罐、流动式加热灭菌设施和焚烧炉等，此层压力为 −100Pa，气流方式和气密性与 BSL-3 实验室相同。

（2）第二层为液体废弃物收集层，层高 3m，主要为液体废弃物收集管道。此层压力为 −100Pa，气流方式和气密性与 BSL-3 实验室相同。

（3）第三层为实验区工作层，层高 3.4m，包括支持区、BSL-3、BSL-4 实验室区和

ABSL-3、ABSL-4 实验室区。支持区主要有清洗室、培养基制备室、洗衣房、食堂等。BSL-3、BSL-4 实验室区包括一间正压服式 BSL-4 实验室和一间手套箱式 BSL-4 实验室，其余均为 BSL-3 实验室。ABSL-3、ABSL-4 实验室区前面已经说明，在此不再赘述。值得一提的是，要进入该设施的 ABSL-4 实验室核心区，需经过 8 道气密门。

（4）第四层为防护装置层，层高 4.4m，主要设备有送、排风高效过滤装置（Bag In Bag Out，BIBO）和化学淋浴设备等。与其他国家的设施不同，该设施层压力为－100Pa，气流方式和气密性与 BSL-3 实验室相同。

（5）第五层为空气处理层，层高约 6m，主要有给排气风机、冷热交换器和粗中效过滤器等设备。此层无生物安全防护要求。

从生物安全实验室的防护结构来看，澳大利亚动物卫生研究所的安全性无疑是最好的。然而，由于该结构方式建设投资巨大，而且设计为 BSL-3 实验室水平的液体废弃物收集层和空气处理层空间巨大（分别约为 30000m³ 和 40000m³），维持其－100Pa 的压力、每小时 10 次左右的换气量及 20℃ 左右的恒温，需要大量的人力资源和能源，运转维持费十分昂贵。因此，世界各国的生物安全实验室在确保生物安全的前提下，均采用了三层结构方式，而且其空气处理层均无负压和气密性要求。即，CSCHAH 的三层结构模式，该模式与 AAHL 的不同之处是把一、二层合为首层，把四、五层合为顶层，且顶层不作为防护区而是作为常压区。

5.4.3 结构形式

5.4.3.1 现浇钢筋混凝土抗震墙结构

国内外四级生物安全实验室的结构形式大部分是现浇钢筋混凝土抗震墙结构，围护结构墙体采用现浇钢筋混凝土墙体；少数采用现浇钢筋混凝土框架结构，围护结构墙体采用预制混凝土砌块；另外，部分实验室采用了钢筋混凝土和钢组合结构。

现浇钢筋混凝土抗震墙结构的四级生物安全实验室相对采用较为广泛，同时也是《生物安全实验室建筑技术规范》GB 50346—2011 推荐选用的结构形式。一般都将第一层废弃物处理层做成地下室，首层为核心实验室，顶层为空气处理机房。实验室建筑平面布局较为规范，大都是规则的矩形平面，平面体型规则。设计中的难点或较有争议的部分是结构的竖向不规则问题，根据实验室的使用功能布置，底层废弃物处理用房为大空间空旷用房；首层实验室部分为小开间多隔墙布置，而且墙体不到顶，一般做到 2.7m 标高处的硬吊顶部位，如果本层全部为实验用房，即形成一个完整的结构层；顶层空气处理机房是大空间、大层高结构。结构层高沿竖向变化较大，首层多墙体布置，与上、下层的大空间相比较，结构侧向刚度沿竖向形成突变，首层墙体大多数不落地，竖向抗侧力构件不连续，建筑物形体为特别不规则建筑。

对于四级生物安全实验室这样的重点设防类建筑，首先应当选取建筑形体规则、有利于抗震的结构形式，要想调整建筑物的竖向刚度分布，首先要合理定义首层实验室围护结构墙体对整个建筑物侧向刚度的影响。对首层现浇钢筋混凝土墙体的作用及结构计算模型存在以下两种意见（陈丹，2014）：

1. 首层现浇钢筋混凝土墙体按抗震墙考虑

根据使用功能要求，地下设备间为大空间结构，上部混凝土墙体落地会严重影响其使用功能，即使将局部几道墙体延伸至地下，也做不到墙体全部落地，这样就形成了部分框支抗震墙结构。《建筑抗震设计规范》中关于框支剪力墙结构的规定如下：矩形平面的部分框支抗震墙结构，其框支层的楼层侧向刚度不应小于相邻非框支层楼层侧向刚度的50%；框支层落地抗震墙间距不宜大于 24m，框支层的平面布置宜对称，且宜设抗震筒体；底层框架部分承担的地震倾覆力矩，不应大于结构总地震倾覆力矩的 50%。根据已经完成设计的两个四级生物安全实验室（3 个结构单元），其计算结果不能满足上述规定。而且框支抗震墙结构本身就不是一种抗震有利的结构形式，规范规定：普通设防类建筑在 8 度区 24m 以上及 9 度区不允许采用部分框支抗震墙结构，针对四级生物安全实验室这样的特殊设防类建筑更需要从严控制，谨慎采用。

2. 首层现浇钢筋混凝土墙体按填充墙考虑

将墙体与主体结构之间采用柔性连接，即：墙体侧向与框架柱之间预留一定宽度的缝隙，用橡胶或其他柔性材料填充，主体结构按纯框架结构考虑，其受力体系明确、计算结果满足规范要求，但是理论上的柔性连接是否可以真正实现？墙体与框架柱之间的预留缝隙宽度如何精确确定？同时，每道墙两边及墙与墙之间大量的预留缝隙与实验室围护结构墙体的密封性要求有很大的矛盾，大量缝隙的封堵必将带来建筑成本及使用过程中维护成本的大幅增加，同时空气泄漏的几率也随之加大。

5.4.3.2　钢筋混凝土和型钢组合结构

采用钢筋混凝土和型钢组合结构的四级生物安全实验室如图 5.4.3.2 所示，具体结构形式为：首层设备用房为钢筋混凝土抗震墙结构，二层实验室为钢筋混凝土加桁架梁的框架结构，三层为钢桁架结构，为保护屋面上的设备，又做了第四层，为轻型门式刚架结构，彩钢板屋面；核心实验区围护结构墙体采用双层不锈钢复合板（陈丹，2014）。这样的结构形式同样也是结构侧向刚度变化较大，但从概念上分析，结构刚度是自下而上由刚到柔，逐渐递减。这是"盒中盒"的设计理念。

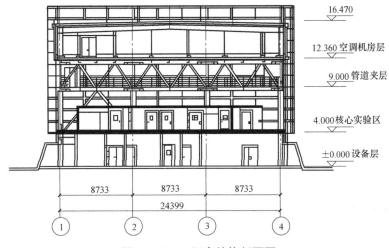

图 5.4.3.2　组合结构剖面图

核心实验室的围护结构墙体采用钢板结构，可靠地解决了实验室对围护结构墙体的密封性要求，同时削弱了分布密集的围护结构墙体刚度对建筑物整体刚度的影响，然而作为一个整体的工程设计，位于核心区的由钢板组合而成的实验室用房尚应有一定量的工作需要进一步落实，例如，钢板组合结构与主体建筑物的连接节点做法；钢板与钢板之间的连接以及钢板自身的强度保证等。笔者认为，此类问题不宜按照普通工程的设计思路，由建筑专业采用标准做法，而是应该根据具体工程通过计算或实验研究确定，应保证与主体结构的协同一致。

5.5 装修设计

国家标准《实验室生物安全通用要求》GB 19489—2008、《生物安全实验室建设技术规范》GB 50346—2011 对生物安全实验室所用装修材料、工程做法、门窗要求、各种缝隙处理措施、标识系统等均提出了明确要求。

5.5.1 门窗要求

一级生物安全实验室可设带纱窗的外窗；没有机械通风系统时，ABSL-2 中的 a 类、b1 类和 BSL-2 生物安全实验室可设外窗进行自然通风，且外窗应设置防虫纱窗；ABSL-2 中的 b2 类、三级和四级生物安全实验室的防护区不应设外窗，但可在内墙上设密闭观察窗，观察窗应采用安全的材料制作。生物安全实验室应有防止节肢动物和啮齿动物进入和外逃的措施。二级、三级、四级生物安全实验室主入口的门和动物饲养间的门、放置生物安全柜实验间的门应能自动关闭，实验室门应设置观察窗，并应设置门锁。当实验室有压力要求时，实验室的门宜开向相对压力要求高的房间侧。缓冲间的门应能单向锁定。ABSL-3 中 b2 类主实验室及其缓冲间和四级生物安全实验室主实验室及其缓冲间应采用气密门。

生物安全实验室的门窗设计应充分考虑生物安全柜、动物隔离设备、高压灭菌器、动物尸体处理设备、污水处理设备等设备的尺寸和要求，必要时应留有足够的搬运孔洞，以及设置局部隔离、防震、排热、排湿设施。

生物安全实验室应有防止节肢动物和啮齿动物进入和外逃的措施，如图 5.5.1 所示。昆虫、鼠等动物身上极易沾染和携带致病因子，应采取防护措施，如窗户应设置纱窗，新风口、排风口处应设置保护网，门口处也应采取措施。

5.5.2 围护结构

5.5.2.1 围护结构材料要求

高级别生物安全实验室属于高危险度实验室，地面应采用无缝的防滑耐腐蚀材料，保证人员不被滑倒。踢脚宜与墙面齐平或略缩进不大于 2～3mm，地面与墙面的相交位置及

图 5.5.1　生物安全实验室防止啮齿动物进入和外逃的措施

其他围护结构的相交位置宜做半径不小于 30mm 的圆弧处理，减少卫生死角，便于清洁和消毒处理。

高级别生物安全实验室墙面、顶棚的材料应易于清洁消毒、耐腐蚀、不起尘、不开裂、光滑防水，表面涂层宜具有抗静电性能。常用的材料有彩钢板、钢板、铝板、各种非金属板等。为保证生物安全实验室地面防滑、无缝隙、耐压、易清洁，常用的材料有：PVC 卷材、环氧自流坪、水磨石现浇等，也可用环氧树脂涂层。

5.5.2.2　围护结构严密性要求

实验室防护区内围护结构的所有缝隙和贯穿处的接缝都应可靠密封。

（1）三级生物安全实验室，在通风空调系统正常运行状态下，采用烟雾测试等目视方法检查实验室防护区内围护结构的严密性时，所有缝隙应无可见泄漏。

（2）动物饲养间及其缓冲间的气密性应达到在关闭受测房间所有通路并维持房间内的温度在设计范围上限的条件下，若使空气压力维持在 250Pa 时，房间内每小时泄漏的空气量应不超过受测房间净容积的 10%。

（3）四级生物安全实验室防护区围护结构的气密性应达到在关闭受测房间所有通路并维持房间内的温度在设计范围上限的条件下，当房间内的空气压力上升到 500Pa 后，20 min 内自然衰减的气压小于 250Pa。

5.5.2.3　围护结构密封措施

高等级生物安全实验室的围护结构一般采用现浇钢筋混凝土、强化水泥石、不锈钢板、彩钢板等材料（见图 5.5.2.3），可以保证围护结构有较好的严密性，同时可以保证围护结构的强度，防止因通风系统故障导致室内出现较大压差时对围护结构造成破坏。实验室墙、地面装修材料应耐磨，抗腐蚀，易清洁。

高等级生物安全实验室围护结构容易出现泄漏的地方主要为各种拼接缝、墙与地面连接处。不锈钢壁板应注意不同壁板之间连接的严密性。对于墙体与地面的连接处，在作圆弧角踢脚处理前，应采取必要的密封措施确保连接处的密封性，圆弧角踢脚不建议采用型

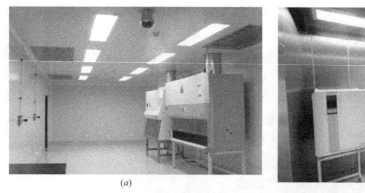

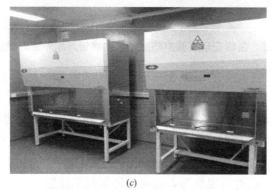

图 5.5.2.3　围护结构气密性技术
(a) 彩钢板围护结构；(b) 不锈钢激光拼缝焊接；(c) 混凝土结构＋环氧处理

材，建议采用水泥等地面材料作实心圆弧角，再用地面涂料或卷材处理表面。

高等级生物安全实验室防护区内的顶棚上不得设置检修口，人孔、管道检修口等不易密封，所以不应设在三级和四级生物安全实验室的防护区。

5.5.3　穿墙（楼板、顶棚）设备及管道

高等级生物安全实验室穿墙（楼板、顶棚）设备主要包括气密门、化学淋浴装置、高压灭菌器、传递窗、渡槽、高效过滤送排风口、气密式地漏等。这些设备自身的气密性及安装边框的气密性是实验室气密性的重要组成部分，安装时其外边框宜焊接在围护结构中预埋的不锈钢框架上，以保证其密封性。

高等级生物安全实验室穿墙（楼板、顶棚）管道主要包括通风管道、给排水管道、强弱电线缆等。这些管道自身的气密性及穿墙孔洞的密封处理是实验室气密性的重要组成部分，国外常采用特殊的预埋件，杜绝施工临时打孔，如使用专业管道穿墙密封器或采用液槽密封集中穿线盘（见图 5.5.3），以确保实验室墙体的完整性和气密性。

实验室穿墙管线在设计上要力求简化，降低管网密度、保护楼板结构、减少泄漏孔洞，过多地强调易操作性往往会导致流程复杂、设备及管道增多，管道多会导致破坏性节点（穿墙打孔）增加，生物安全系数下降。对于必须设置的管线，如穿墙孔洞且不好密封

的强弱电管线（插座、开关、传感器等），建议在实验室内明设功能设备带，所有强弱电线路出自一个穿墙孔洞，大大地减少了泄漏的可能性。对于供水、供气管道的设置，为了减少实验室内敷设过长（避免潜在污染管道过长），建议总管和支管走技术夹层或隔离走廊，管道上安装倒流防止阀和过滤器。

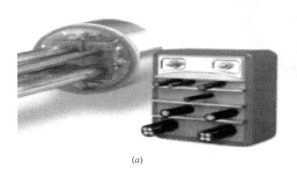
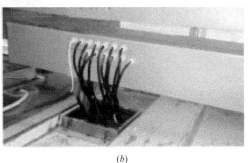

(*a*)　　　　　　　　　　　　　　　(*b*)

图 5.5.3　穿墙管道密封做法

（*a*）专业管道穿墙密封器；（*b*）采用液槽密封集中穿线盘

气密性测试容易出现泄漏的原因包括穿墙（楼板、顶棚）设备及管道自身气密性和安装气密性不满足要求，建议这些设备及管道安装前后按标准要求进行对应的气密性测试。气密门、高压灭菌器、传递窗、渡槽、通风管道气密阀等均应采用专用生物安全型设备。

在采用专用生物安全型设备后，穿墙设备及管道气密性仍不符合要求的常见原因包括：气密门部分部件（如探测门开关的滚珠、自动充气膨胀式气密门压缩空气接管与门体的密封等）存在泄漏、高压灭菌锅自身未进行充气密封、送排风管道上的气密阀不严、气密式地漏缺少安全水封、强弱电线缆外绝缘保护层与内部导线芯之间空隙较大等。另外，穿墙设备及管道安装边框（与墙、地面交接处）常会发现泄漏点，应进行密封处理，以免破坏围护结构整体气密性。

5.5.4　标识系统

二级、三级、四级生物安全实验室的入口，应明确标示出生物防护级别、操作的致病性生物因子、实验室负责人姓名、紧急联络方式等（见图 5.5.4-1），并应标示出国际通用生物危险符号。生物危险符号应按图 5.5.4-2 绘制，颜色应为黑色，背景为黄色。

图 5.5.4-1　生物安全实验室入口警示和进入限制标识

图 5.5.4-2　国际通用生物危险符号

标识系统要求如下：

（1）标识明确、醒目和易区分，使用国际、国家规定的通用标识。

（2）清楚地标示出具体的危险材料、危险，包括生物危险、有毒有害、腐蚀性、辐射、刺伤、电击、易燃、易爆、高温、低温、强光、振动、噪声、动物咬伤、砸伤等。

（3）在须验证或校准的实验室设备的明显位置注明设备的可用状态、验证周期、下次验证或校准的时间等信息。

（4）房间的出口和紧急撤离路线有在无照明的情况下也可清楚识别的标识；实验室的所有管道和线路有明确、醒目和易区分的标识。

（5）所有操作开关有明确的功能指示标识，必要时还应采取防止误操作或恶意操作的措施。

有关病原生物实验室生物安全的标识系统可参阅卫生行业标准《病原微生物实验室生物安全标识标准》WS 589-2018。

本章参考文献

[1] 中国建筑科学研究院. 生物安全实验室建筑技术规范. GB 50346—2011 [S]. 北京：中国建筑工业出版社，2012.

[2] 中国合格评定国家认可中心. 实验室生物安全通用要求. GB 19489—2008 [S]. 北京：中国标准出版社，2008.

[3] 中国合格评定国家认可中心. 实验室设备生物安全性能评价技术规范. RB/T 199—2015 [S]. 北京：中国标准出版社，2016

[4] 马立东. 生物安全实验室类建筑的规划与建筑设计 [J]. 建筑科学，2005，21（增刊）：24-33.

[5] 吴东来. 大动物高级别生物安全实验室设计建设要点 [J]. 中国预防医学杂志，2008，9（6）：574-577.

[6] 吕京，王荣，曹国庆. 四级生物安全实验室防护区范围及气密性要求 [J]. 暖通空调，2018，48（3）：15-20.

[7] Public Health Agency of Canada. Canadian Biosafety Standard (CBS) Second Edition [S]. Ottawa，http：//canadianbiosafetystandards. collaboration. gc. ca，2015：93-94，151.

［8］　Public Health Agency of Canada. Canadian Biosafety Handbook（CBH）Second Edition［M］. Ottawa，http：//canadianbiosafetystandards. collaboration. gc. ca，2015.

［9］　Department of Health and Human Services. Biosafety in Microbiological and Biomedical Laboratories，5th ed.［M］. Atlanta，Georgia：December，2009：51-56，333-346 . http：//www. cdc. gov/biosafety/publications/bmbl5（accessed Feb. 19，2013）.

［10］　United States Government Accountability Office（GAO）. High-Containment Laboratories：National Strategy for Oversight Is Needed，GAO-09-574（Washington，D. C. ：Sept. 21，2009）.

［11］　United States Government Accountability Office（GAO）. High-Containment Laboratories：Assessment of the Nation's Need Is Missing［R］. Washington，DC：February 25，2013.

［12］　Joint Technical Committee CH-026，Safety in Laboratories. Council of Standards Australia and Council of Standards New Zealand. Australian/New Zealand Standard™ Safety in laboratories Part 3：Microbiological safety and containment［S］. AS/NZS 2243. 3：2010：49-50，70-71，170-171.

［13］　Peter Mani，Paul LangEvin. Veterinary Containment Facilities Design & Construction Handbook［M］. International Veterinary Biosafety Working Group，2006：45.

［14］　全国认证认可专业委员会. GB 19489—2008《实验室生物安全通用要求》理解与实施［M］. 北京：中国质检出版社，2010.

［15］　曹国庆，王荣，翟培军. 高等级生物安全实验室围护结构气密性测试的几点思考［J］. 暖通空调，2016，46（12）：74-79.

［16］　Jonathan Y. Richmond 主编. 生物安全选集 V：生物安全四级实验室［M］. 中国动物疫病预防控制中心翻译. 北京：中国农业出版社，2012.

［17］　Pike RM. Laboratory-associated infections，summary and analysis of 3921 cases［J］. Health Lab Sci，1976，13：105-114.

［18］　ISO. Air filters for general ventilation - Part 1：Technical specifications，requirements and Efficiency classification system based upon Particulate Matter（PM）：ISO/DIS 16890-1［S］. Geneva，2016：1-8.

［19］　陈丹、饶建兵. 高等级生物安全实验室（P4）的结构形式分析比较［J］. 工程建设与设计，2014，62（2）：25-27，30.

［20］　赵侠. 高等级生物安全实验室环境技术研究［J］. 暖通空调，2013，43（2）：63-68.

第6章 实验室系统工程

6.1 通风空调

通风空调系统是实现生物安全实验室防护功能的重要技术措施之一，由于一、二级生物安全实验室对通风空调系统没有很特别的要求（加强型二级生物安全实验室除外），这里主要探讨高等级生物安全实验室对通风空调系统的设计要求。高等级生物安全实验室通风空调系统设计的四项基本原则是：

（1）采用全新风系统，即全部送风取自室外，室内的空气直接排到室外，不再循环使用；

（2）排风无害化处理，即必须经过高效过滤器过滤后排放；

（3）防护区室内气流有合理的气流组织，即保证室内气流由清洁区向污染区流动；

（4）室内压力低于室外，即防护区呈现绝对负压状态。

6.1.1 通风空调系统形式

6.1.1.1 全新风问题

二级生物安全实验室可以采用带循环风的空调系统。如果涉及化学溶媒、感染性材料操作和动物实验，则应采用全排风系统。三、四级生物安全实验室应采用全新风系统，且送、排风总管应安装气密阀门。防护区内不得安装普通的风机盘管机组或房间空调器。动物生物安全实验室应同时满足现行国家标准《实验动物环境与设施》GB 14925 的有关要求。

6.1.1.2 集中式或分散式问题

通风空调系统是实现生物安全实验室防护功能的重要技术措施之一，其系统的划分应根据操作对象的危害程度、平面布置等情况经技术经济比较后确定，应采取有效措施避免污染和交叉污染。空调净化系统的划分应有利于自动控制系统的设置和节能运行。

首先，高等级生物安全实验室内往往设置有生物安全柜、独立通风笼具（IVC）、动物隔离器等局部排风设备，则这些排风设备是否与所在防护区房间共用一套排风系统，便是一个问题；其次，当实验室区域面积较大，即存在多个主实验室时（尤其是存在多套主实验室，且各主实验室人物流路线相对独立时），整个实验室区域是否共用一套送排风系统，这又是一个值得关注的问题。

面对上述两个问题，建议的设计原则为：

1. 实验室内通风设备与所在房间宜共用一套排风系统

这一设计原则的目的是做到"任何时候必须极尽所能地维持实验房间负压，维持生物安全柜相对实验房间负压"。但在部分已建生物安全实验室中，并没有采用这条原则，这些实验室比较有代表性的净化空调系统原理如图 6.1.1.2-1 所示，即整个实验室区域的送风为一套系统，生物安全柜等实验设备的排风单独采用一套系统，房间排风为另一套系统。

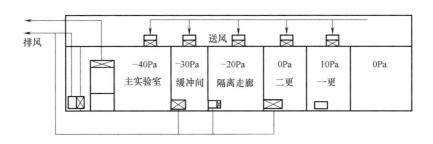

图 6.1.1.2-1 实验室内通风设备与所在房间各有独立排风系统

图 6.1.1.2-1 所示的净化空调系统存在两点不足：

（1）除了房间排风系统需要配置一用一备两台排风机外，生物安全柜等实验设备的排风系统同样需要配置一用一备两台排风机，不仅初投资增加，排风机的安装同样需要占用空间。

（2）必须确保生物安全柜等实验设备排风系统的可靠工作，确保两套排风系统启停的联锁控制（实验设备较房间排风系统先开后关），否则存在生物安全柜等实验设备内的空气倒抽入房间的可能，这使得自控系统复杂化，徒增自控工程造价。

故建议的送排风方案为实验室内通风设备与所在房间共用一套排风系统，如图 6.1.1.2-2 所示。

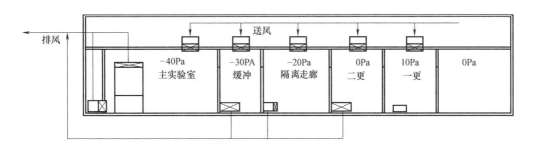

图 6.1.1.2-2 实验室内通风设备与所在房间共用一套排风系统

2. 实验室区域面积较大时，送排风系统宜按功能区划分

这一设计原则的意思是指，当实验室区域面积较大时，辅助工作区设置一套独立的送排风系统，防护区设置一套或几套独立的送排风系统。每套送排风系统的风量不宜过大（一般不宜超过 20000m³/h），否则空气处理设备过大、噪声大、送回风管道大、占空间和面积大，使用也不灵活。

6.1.2 送、排风系统

6.1.2.1 送风系统

空气净化系统应设置粗、中、高三级空气过滤。第一级是粗效过滤器，对于≥5μm大气尘的计数效率不低于50%。对于带回风的空调系统，粗效过滤器宜设置在新风口或紧靠新风口处。全新风系统的粗效过滤器可设在空调箱内。第二级是中效过滤器，宜设置在空气处理机组的正压段。第三级是高效过滤器，应设置在系统的末端或紧靠末端，不得设在空调箱内。对于全新风系统，宜在表冷器前设置一道保护用的中效过滤器。全新风空调机组（AHU）功能段示意图如图6.1.2.1所示。当然为了避免表冷器冷凝水盘处于负压段，冷凝水盘蓄水会滋生微生物，也有的项目将风机置于表冷器之前。

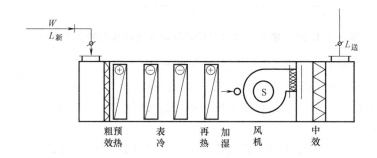

图6.1.2.1 全新风空调机组（AHU）功能段示意图

为了达到实验室内要求的洁净度级别，三级和四级生物安全实验室的送风末端应采用高效过滤器。送风系统新风口应采取有效的防雨措施，安装保护网，且应高于室外地面2.5m以上，同时应尽可能远离污染源。

《生物安全实验室建筑技术规范》GB 50346—2011要求"BSL-3实验室宜设置备用送风机，ABSL-3实验室和四级生物安全实验室应设置备用送风机"，主要是考虑ABSL-3实验室和四级生物安全实验室致病因子的危险性和动物实验室的长期运行要求。现在国内很多新建的三、四级生物安全实验室送风机均已设置了备用。

6.1.2.2 排风系统

生物安全实验室必须设置室内排风口，不得只用安全柜或其他负压隔离装置作为房间排风口。生物安全实验室房间的排风管道可以兼作生物安全柜的排风管道。排风系统应能保证生物安全柜内相对于其所在房间为负压。

生物安全柜与排风系统的连接方式应按表6.1.2.2执行。对于Ⅲ级生物安全柜，其没有工作面风速的要求。但为了保证试验人员的安全，当操作手套发生脱落或出现破损后，通过手套连接口的风速不应小于0.7m/s。正常工作时，Ⅲ级生物安全柜内的负压不应小于120Pa。

生物安全柜与排风系统的连接方式　　　表 6.1.2.2

生物安全柜级别		工作口平均进风速度（m/s）	循环风比例（%）	排风比例（%）	连接方式
Ⅰ级		0.40	0	100	
Ⅱ级	A1	0.40～0.50	70	30	可排到房间或设置局部排风罩
	A2	0.50	70	30	设置局部排风罩或密闭连接
	B1	0.50	30	70	密闭连接
	B2	0.50	0	100	密闭连接
Ⅲ级		不适用	0	100	密闭连接

　　三级和四级生物安全实验室的排风必须经过高效过滤器过滤后排放，高效过滤器的效率不低于 B 类。排风高效过滤器应设在室内排风口处。四级生物安全实验室除在室内排风口处设第一道高效过滤器外，还必须在其后串联第二道高效过滤器，两道高效过滤器的距离不宜小于 500mm。必要时，可采用高温空气灭菌装置代替第二道高效过滤器。

　　第一道排风高效过滤器的位置不得深入管道或夹墙内部，应紧邻排风口。过滤器位置与排风口结构应易于对过滤器进行安全更换。排风管道的正压段不应穿越房间，排风机宜设于室外排风口附近。排风机组必须一用一备。排风量必须进行详细的设计计算。总排风量应包括围护结构漏风量以及生物安全柜、离心机和真空泵等设备的排风量等。

　　三级和四级生物安全实验室排风高效过滤器的安装应具备现场检漏的条件。如果现场不具备检漏的条件，则应采用经预先检漏的专用排风高效过滤装置。排风气密阀应设在排风高效过滤器和排风机之间。排风机外侧的排风管上应安装保护网和防雨罩。

6.1.2.3　风管密闭阀

　　生物安全实验室在完成一种病原实验更换另一种病原后需要进行终末消毒。实验室终末消毒时，通常要求消毒房间密闭性好，目的是保证消毒剂达到一定浓度并保持一定时间；另外消毒时，房间保持一定湿度才能保证一定的消毒效果（例如：甲醛在湿度 70% 时消毒效果最好）。

　　设计人员进行风管设计时，应该让实验室使用方（建设方）提供实验室的消毒方案（即消毒区域的划分）和消毒状态时实验室所需要的温湿度条件，便于在设计时统筹考虑，避免返工。

　　《实验室　生物安全通用要求》GB 19489—2008 第 6.3.3.10 条规定：应在实验室防护区送风和排风管道的关键节点安装生物型密闭阀，必要时可完全关闭。应在实验室送风和排风总管道的关键节点安装生物型密闭阀，必要时可完全关闭。

　　该条款中的生物型密闭阀是《实验室　生物安全通用要求》GB 19489—2008 提出的术语，之所以被称为生物型密闭阀，是因为其主要发挥保证生物安全的隔离作用。生物型密闭阀应视为其所在结构完整性的一部分，应满足以下要求：一是密封性符合其所在部位的要求（如 HEPA 过滤器单元的整体密封性应达到关闭生物型密闭阀及所有通路后，若使空气压力维持在 1000Pa 时，腔室内每分钟泄漏的空气量应不超过腔室净容积的

0.1%）；二是应耐腐蚀、耐老化、耐磨损。生物型密闭阀目前无统一的标准。不同的核心工作间如果有通风管道直接相通（无 HEPA 过滤器隔离），视为同一核心工作间。

风管系统中密闭阀设置主要考虑的问题包括：房间之间的隔离（避免房间之间空气流动）、保证 HEPA 过滤器或房间消毒的密闭性。图 6.1.2.3 为气体整体循环消毒 HEPA 过滤器示意图。从图 6.1.2.3 中可以看出，风管上的密闭阀根据消毒区域和方案进行设置。

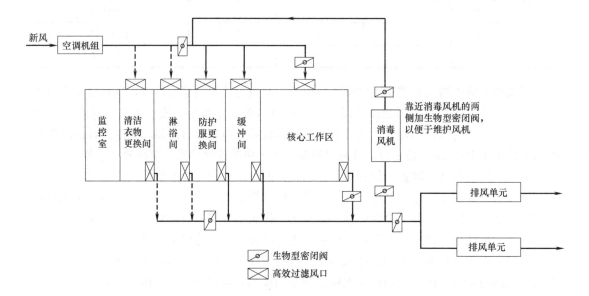

图 6.1.2.3　气体整体循环消毒 HEPA 过滤器示意图

6.1.2.4　送、排风机

生物安全实验室安全的核心措施是通过排风保持负压，所以排风机是关键设备之一，必须有备用。《生物安全实验室建筑技术规范》第 5.3.6 条中以强制条文的形式规定：三级和四级生物安全实验室应设置备用排风机组，并可自动切换。《实验室　生物安全通用要求》在第 6.3.3 条的第 10 款规定：安装风机和生物安全柜启动自动联锁装置，确保实验室内不出现正压和确保生物安全柜内气流不倒流。

《生物安全实验室建筑技术规范》和《实验室　生物安全通用要求》对于备用送风机的设置并未做明文规定，在我国早期已建的生物安全实验室中净化空调系统风机配置多为一台送风机、两台排风机（简称一送两排），未设置备用送风机，排风机运行模式为一用一备。这种风机配置及运行模式对自控系统的要求较高，随着国内在三级生物安全实验室建设方面经验的积累与总结，已有一些生物安全实验室建设采用两送两排、两送三排，甚至三送三排的风机配置及运行模式，这里主要介绍一送两排、两送三排两种风机配置运行模式，其他模式可参照这两者进行分析。

1. 一送两排配置

目前，我国已建三级生物安全实验室送、排风机的配置模式大部分为一送两排（即一台送风机、两台排风机），其通风系统原理图如图 6.1.2.4-1 所示。可以看出一送两排的风机配置模式，仅考虑了备用排风机的问题，并没有配置备用送风机，故在送风机发生故障时，可以保证负压环境，但不容易保证系统的特定负压梯度，系统不能正常工作。

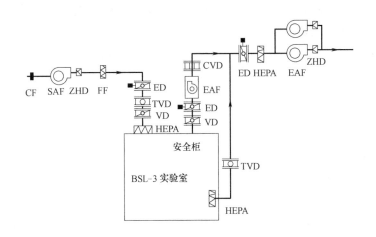

图 6.1.2.4-1　一送两排通风系统原理图

CF—粗效过滤器；SAF—送风机；ZHD—止回阀；FF—中效过滤器；

ED—电动密闭阀；TVD—定风量阀或变风量阀；VD—风量调节阀；HEPA—高

效过滤器；CVD—定风量阀；EAF—排风机

（1）排风机一主一备运行

在大部分情况下排风机的运行模式为一主一备，即正常工作时为一台送风机送风，排风机一用一备；当一台排风机发生故障不能工作时，备用排风机立即启动，房间负压及系统负压梯度仍能保持，这种状况为紧急状况，系统将发出报警提示实验室内工作人员尽快撤离，并提示维护人员及时维修。

排风机一主一备的运行模式下，备用排风机切换自控系统的设计原则一般为：系统检测到排风系统故障，先迅速关闭送风机及送风总管气密阀，启动备用排风管气密阀及备用排风机，关闭主排风管气密阀，然后再重新启动送风总管气密阀及送风机。由于风机启停及密闭阀的开关都需要时间，进行备用排风机切换可靠性验证时，上述时间相互制约，很容易造成实验室出现正压。为解决压差逆转问题，送、排风总管的密闭阀应能迅速开启、关闭，一般响应时间不宜超过 10s。这种运行模式对风阀响应速度及自控人员经验要求均较高。

（2）排风机两主互备运行

排风机两主互备是指两台排风机并联运行、互为备用的运行模式。图 6.1.2.4-2 给出了两台相同风机并联工作的性能曲线示意图，其中曲线Ⅰ、Ⅱ、Ⅲ分别表示单台风机在转速为 n_1 时的特性曲线、两台相同的风机并联操作后在转速为 n_1 时的联合特性曲线、单台风机独立运行在转速 n_2（$n_2 > n_1$）时的特性曲线，曲线 a、b 表示管路性能曲线（曲线 a 代表的管路阻力大于曲线 b）。

由图 6.1.2.4-2 可以看出，Q_0、H_0 为单台风机在转速 n_1 情况下单独运行时的风量、风压，Q_2、H_2 为两台风机在转速 n_1 情况下并联运行时的总风量、风压，Q_1 为两台风机在

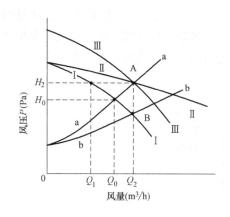

**图 6.1.2.4-2 风机并联运行
性能曲线示意图**

转速 n_1 情况下并联运行时单台风机的风量。

由风机并联工作特性可知，两台相同的风机并联后，风压不变，总风量为两台风机工作风量之和，即 $Q_2 = 2Q_1$。对于同一管路，风机并联操作后的总风量不会比单台风机独立运行时的风量增大一倍，这是因为两台风机并联后，风量增大，管路阻力亦增大，即 $Q_1 < Q_0 < Q_2$，$Q_2 = 2Q_1$。

排风机两主互备运行模式的工作原理为：正常工作时，一台送风机送风，两台排风机排风，当一台排风机发生故障时，另一台排风机单独运行，送风机无需停止，这种状况为紧急状况，系统将发出报警提示实验室内工作人员尽快撤离，并提示维护人员及时维修。

这种运行模式下，当一台排风机发生故障时，仅依靠另一台排风机单独运行来保障房间负压及系统负压梯度，可采取的措施有以下 3 种：

1）排风机变频运行：正常工作时一台送风机送风，两台排风机并联低频运行排风（见图 6.1.2.4-2 中曲线 Ⅱ，风机转速为 n_1，工作状态点为 A）；当一台排风机发生故障时，另一台排风机自动跟进高频运行（见图 6.1.2.4-2 中曲线 Ⅲ，风机转速为 n_2，工作状态点为 A），维持总排风量不变以保障房间负压及系统负压梯度。

2）改变排风管路阻力特性：正常工作时一台送风机送风，两台排风机并联运行排风（见图 6.1.2.4-2 中曲线 Ⅱ，管路特性曲线为 a，工作状态点为 A）；当一台排风机发生故障时，另一台排风机独立运行，通过调整风管阀门开度降低管路阻力特性（若排风管上安装有压力无关型定风量阀，这种调整将由定风量阀自动完成，若未安装压力无关型定风量阀，则应由排风管上变风量阀按自控程序设定的指令完成），增大单台风机独立运行的风量以维持总排风量不变（见图 6.1.2.4-2 中曲线 Ⅰ，管路特性曲线为 b，工作状态点为 B），保障房间负压及系统负压梯度。

3）送风机变频运行：正常工作时一台送风机高频运行送风，两台排风机并联运行排风（排风量为 Q_2）；当一台排风机发生故障时，另一台排风机独立运行（排风量为 Q_0），因排风量减小（$Q_0 < Q_2$），此时可将送风机调整为低频运行，降低送风量，以保障房间负压及系统负压梯度。

上述 3 种措施可以单独使用也可以结合使用。可以看出，排风机两主互备运行模式下，备用排风机的切换变成了非故障排风机独立运行排风，过程中无需关闭送、排风总管的气密阀，也不存在风机启、停的情况，故可以很好地解决实验室出现正压的问题。显然这种运行模式下没有绝对意义上的备用排风机，但由于两台并联运行的排风机同时发生故障的概率很小，所以不失为一种好的运行参考模式。

2. 两送三排配置

两送三排是指采用两台送风机、三台排风机的风机配置模式，其通风系统原理图如图 6.1.2.4-3所示。这种风机配置下的常用风机运行模式主要有两种：（1）送风机一主一备，排风机两主一备；（2）送风机两主互备，排风机两主一备。

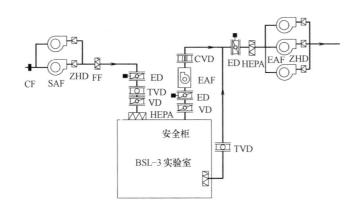

图 6.1.2.4-3 两送三排通风系统原理图

CF—粗效过滤器；SAF—送风机；ZHD—止回阀；FF—中效过滤器；
ED—电动密闭阀；TVD—定风量阀或变风量阀；VD—风量调节阀；HEPA—高
效过滤器；CVD—定风量阀；EAF—排风机

（1）送风机一主一备、排风机两主一备运行

正常工作时送风机一用一备，排风机两用一备，3 台排风机中的主备排风机由自控程序随机设置，这样 3 台排风机各自工作时间基本相当，延长了各自使用寿命。当一台排风机发生故障不能工作时，备用排风机立即跟进，保障系统正常运行，并发出报警提示维护人员及时维修；若主送风机发生故障不能工作时，备用送风机立即跟进自动运行，切换过程中房间可能会出现短时间的较大负压（类似于系统启动时的情况），但不会出现正压，备用送风机启动完毕后，房间负压及系统负压梯度仍能保持，这种状况为应急状况，自控系统将发出报警提示维护人员及时维修，但实验室内工作人员仍可继续进行实验。

这种运行模式既有绝对意义上的备用送、排风机，又易于解决备用排风机切换过程中出现的正压等问题，是理想的风机配置及运行模式，自控系统设计、调试相对简单，但风机初投资相对较高，另外两台送风机使得空气处理机组结构复杂。

（2）送风机两主互备、排风机两主一备运行

正常工作时为两台送风机送风互为备用，排风机两用一备，3 台排风机中的主备排风机由自控程序随机设置，这样 3 台排风机各自工作时间基本相当，延长了各自使用寿命。当一台排风机发生故障不能工作时，备用排风机立即跟进，保障系统正常运行，并发出报警提示维护人员及时维修；若一台送风机发生故障不能工作时，系统立即停止一台排风机并发出报警，此时为一送一排的工作模式，房间负压及系统负压梯度仍能保持，这种状况为应急状况，实验室内工作人员应尽快撤离实验室。

可以看出这种运行模式下，风机故障的控制处理简单易行，由于未涉及变频控制，自控系统更简单。如前文所述送风机两主互备模式，这种模式同样没有绝对意义上的备用送风机，但两台送风机同时发生故障的概率很小。

6.1.3 气流组织

6.1.3.1 设计原则

气流组织方式直接影响通风防护效果，在一定的通风量下，采取不同的气流组织方式，通风效果也不同，合理的气流组织方式可起到良好的作用见图 6.1.3.1-1 所示[①]，不合理的气流组织方式将起到相反的作用，如图 6.1.3.1-2 所示。

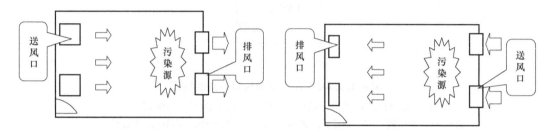

图 6.1.3.1-1　起良好作用的气流组织　　　　**图 6.1.3.1-2　起反作用的气流组织**

生物安全实验室气流组织设计原则包括以下三点：

（1）新鲜室外新风尽快到达实验人员的操作地点；

（2）尽量减少途中污染；

（3）排风从污染源方向排出；

（4）不妨碍局部通风设备（如生物安全柜、动物隔离设备等）的气流组织。

6.1.3.2 定向流原则

定向气流是生物安全实验室的防护原则，实验室的通风空调系统必须建立和维持定向气流。生物安全实验室定向气流包括两个方面：实验室整体（多"房间"的综合体）的定向气流组织；房间内部（关键是"核心工作间"）的定向气流组织。

1. 实验室整体定向气流

生物安全实验室整体定向气流应确保空气从污染可能性低的房间流向污染可能性高的房间，如图 6.1.3.2 所示，防止有害因子无序或逆向扩散。

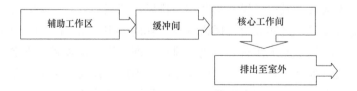

图 6.1.3.2　实验室整体定向气流

---

①　该图及本小节气流组织平面图、示意图等，均来源于江苏省疾病预防控制中心谢景欣教授在实验室培训班上的讲稿。

2. 核心工作间室内定向气流

核心工作间室内各种设备的位置应有利于气流由"低污染区"向"高污染区"流动，最大限度减少室内回流与涡流。生物安全实验室内的"高污染区"主要在生物安全柜、动物隔离设备等操作位置，而"低污染区"空间主要在靠门一侧。一般把房间的排风口布置在生物安全柜及其他排风设备同一侧。

6.1.3.3　风口布局原则

风口布局是形成定向气流的重要影响因素，但气流还受空间、流速、房间内物品、热岛效应等诸多因素的影响，最佳的风口布局方案需通过对每一个现场进行综合分析后得出。通常，很难消除房间内的涡流和气流死角，但通过合理设计努力减少涡流和气流死角是设计人员的责任。应注意，风口的布局不得影响生物安全柜的气流，并方便施工、维护、检漏和消毒灭菌。在同一个局部空间内，气流方向不是影响生物安全的主要因素，要避免过于追求理想的局部气流组织。

一般而言，送风口应设在有害物浓度较小的区域，新鲜空气从清洁的区域送入，当室内有多个送风口时，宜呈"一"字形排列，尽量贴近相对清洁侧顶棚边缘处；排风口应尽量设在有害物源附近，布置在相对污染（隐患大——生安柜、离心机）一侧下方墙体或上方顶棚边缘处，空气从污染的区域排出。

生物安全实验室核心工作间的风口布置，遵循以下原则：

（1）通常是送风口靠近房间门口，排风口靠近房间的尽头。

（2）应注意，风口的布局不得影响生物安全柜的气流，并方便施工、维护、检漏和消毒灭菌。在核心工作区，实验室的气流组织宜与生物安全柜操作窗口的吸入气流方向相一致，避免对生物安全柜的吸入气流造成横向或纵向干扰。

（3）生物安全柜等一级防护屏障设备的上方或附近尽量不设置送风口，减少对生物安全柜入口气流形成干扰。

生物安全实验室核心工作间风口布置示意图如图 6.1.3.3 所示。

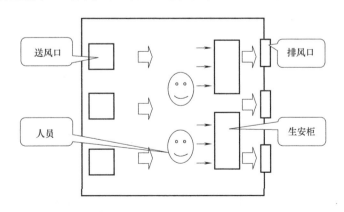

图 6.1.3.3　核心工作间风口布置示意图

对于四级生物安全实验室，通常设置了正压防护服系统，即实验人员穿着正压服在实验室内工作，实验人员是完全和房间内空气隔离的，对气流组织要求没有特别严格，通常主要考虑房间温度均匀性和房间内定向流。

6.1.3.4 常见问题

1. 以洁净室的理念来设计生物安全实验室，将洁净等同于生物安全

由于生物安全实验室的特殊性，技术含量高，一些对生物安全实验室一知半解的公司也想方设法挤入建设市场，一些非正规单位甚至利用低价竞争强占市场，取得一些"业绩"（充其量只能算是负压实验室），然而"业绩"并不代表专业，低价不等于优质。致使国内部分已建设的生物安全实验室，尤其是二级生物安全实验室，是按照洁净室的理念来设计的，典型特点是室内气流组织不符合定向流原则，送风口在室内吊顶均匀布置，回（排）风口布置在房间四角（或对角），如图 6.1.3.4-1 所示。

以洁净室的理念来设计生物安全实验室的缺点如下：

（1）采取的是稀释理念，送风口于吊顶均匀分布，回风口对角或四角分布，气流组织不具备单向的定向流；

（2）在一套空调系统内，主实验室、缓冲间及更衣室均有送回风，造成交叉污染。

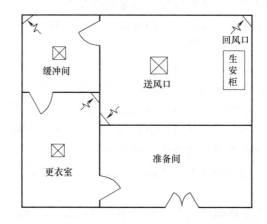

图 6.1.3.4-1　以洁净室理念设计的生物安全实验室问题

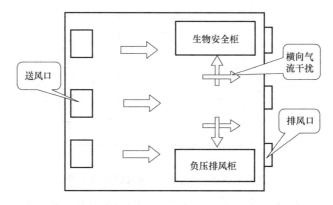

图 6.1.3.4-2　核心工作间气流组织与生物安全柜操作
窗口吸入气流方向不一致问题

2. 全面通风气流与生物安全柜的吸入气流未形成应势利导关系

生物安全实验室核心工作间气流组织宜与生物安全柜操作窗口的吸入气流方向相一致（不一致的问题如图6.1.3.4-2所示），避免对生物安全柜的吸入气流造成横向或纵向干扰，风口的布局不得影响生物安全柜的气流（影响生物安全柜气流的问题如图6.1.3.4-3所示，实际案例如图6.1.3.4-4所示），这是应该遵守的设计原则。

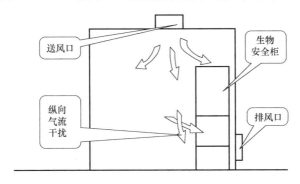

图6.1.3.4-3 核心工作间送风口的布局影响生物安全柜气流问题

图6.1.3.4-4 核心工作间送风口的布局影响生物安全柜气流实际案例

6.1.4 通风空调自动控制系统

1. 送、排风机连锁控制

《实验室 生物安全通用要求》GB 19489—2008和《生物安全实验室建筑技术规范》GB 50346—2011均明确要求"三级和四级生物安全实验室的排风必须与送风联锁，排风先于送风开启，后于送风关闭。"为了保证实验室要求的负压，排风和送风系统必须可靠连锁，通过"排风先于送风开启，后于送风关闭"，力求始终保证排风量大于送风量，维持室内负压状态。

2. 风量及压力控制

三级和四级生物安全实验室应有能够调节排风或送风以维持室内压力和压差梯度稳定的措施。生物安全柜等设备的启停、过滤器阻力的变化等运行工况的改变都有可能对通风空调系统的平衡造成影响。因此，系统设计时应考虑相应的措施来保证压力稳定。保持系统压力稳定的方法可以调节送风也可以调节排风，在某些情况下，调节送风更快捷，在设计时要充分考虑。

3. 送、排风高效过滤器阻力监测

《实验室　生物安全通用要求》GB 19489—2008 第 6.3.8.8 条规定：应设装置连续监测送排风系统 HEPA 过滤器的阻力，需要时，及时更换 HEPA 过滤器。这个条款规定的目的是及时监测高效过滤器阻力，提示实验室对高效过滤器进行维护或更换。三、四级生物安全实验室中送、排风高效过滤器很多，如果每个 HEPA 过滤器均设置阻力监测装置，造价高，维护工作量大。因此在风管布置时，对于排风过滤器：每个核心工作间至少选择一个最容易堵塞的排风过滤器进行阻力监测，其他房间可以总体上选择一个最容易堵塞的过滤器进行监测，但至少一套排风系统选择一个过滤器。对于送风过滤器：一套空调系统至少选择一个最容易堵塞的过滤器进行阻力监测。

4. 备用送排风机切换控制

《实验室　生物安全通用要求》GB 19489—2008 第 6.3.3.12 条规定："应有备用排风机。"《生物安全实验室建筑技术规范》GB 50346—2011 第 5.3.5 条以强制性条文规定："三级和四级生物安全实验室防护区应设置备用排风机，备用排风机应能自动切换，切换过程中应能保持有序的压力梯度和定向流"。

生物安全实验室安全的核心措施是通过排风保持负压，所以排风机是最关键的设备之一，必须有备用。为了保证正在工作的排风机出故障时，室内负压状态不被破坏，备用排风机必须能自动启动，使系统不间断正常运行。备用送排风机配置及控制应注意的问题是：

（1）排风系统故障传感器宜选用风压（或风量）传感器，不应仅采用排风机的电源开关信号，对此应予以验证。文献［4］对此原因进行了详细叙述，在此不再赘述。

（2）排风系统宜设置独立的备用排风机组，尤其对使用频率高、运行周期长的实验室更应如此。笔者在实际检测中遇到有的实验室排风系统虽然设置了备用排风系统，但主排风机与备用排风机设置在同一套排风机组内，不具备一台排风机运行时维修另一台排风机的条件，这对于需要长时间连续运行的实验室而言是有较大隐患的。

（3）如果实验室使用全排型生物安全柜，且安全柜的排风通过自己的排风系统排出，此时，也应设备用排风机，并可自动切换，对此应予以验证。笔者在实际检测中遇到有的实验室全排型生物安全柜设置了独立排风系统，但未设置备用排风机。

6.1.5　高等级生物安全实验室暖通消防设计

中国中元国际工程公司赵侠老师在其文献《高等级生物安全实验室暖通消防设计探讨》中论述了国外高等级生物安全实验室的设计标准和消防设计，结合应用实例探讨了我国高等级生物安全实验室暖通的消防措施。提出通过采取密闭防烟措施，用经消防部门备案认可的生物型密闭阀代替防火阀，用空气采样早期烟雾预警系统，核心实验室内设 CO 浓度探测和声、光报警设备取代机械排烟系统，空调机组和风管保温采用 A 级不燃材料等一系列在理论上和实际工程中均可行的方法。解决了高等级生物安全实验室在高密闭条件下的防火、排烟难题，这里不再赘述。

6.2　给水排水与气体供应

6.2.1　一般规定

生物安全实验室给水排水设施的配置要求如表 6.2.1 所示。表中的一、二级生物安全实验室的给水排水设计较为常见，不再赘述，BSL-3（ABSL-3）、BSL-4（ABSL-4）为高等级生物安全实验室，应保证在该实验室内所做的任何实验都不会发生病原微生物泄漏现象，污染外部环境。

《实验室　生物安全通用要求》GB 19489—2008 有关生物安全实验室给排水设施的配置要求

表 6.2.1

实验室级别	给排水设施要求
一级	应设洗手池,宜设置在靠近实验室的出口处。若操作刺激或腐蚀性物质,应在 30m 内设洗眼装置,必要时应设紧急喷淋装置。供水和排水管道系统应不渗漏,下水应有防回流设计。对于 ABSL-1 实验室,如果有地面液体收集系统,应设防液体回流装置,存水弯应有足够的深度
二级	应设洗手池,宜设置在靠近实验室的出口处。应在实验室工作区配备洗眼装置,必要时应设紧急喷淋装置。供水和排水管道系统应不渗漏,下水应有防回流设计。对于 ABSL-2 实验室,污水(包括污物)应消毒灭菌处理,并应对消毒灭菌效果进行监测,以确保达到排放要求
三级	应在实验室防护区内的实验间的靠近出口处设置非手动洗手设施;如果实验室不具备供水条件,则应设非手动手消毒灭菌装置。应在实验室的给水与市政给水系统之间设防回流装置。进出实验室的液体管道系统应牢固、不渗漏、防锈、耐压、耐温(冷或热)、耐腐蚀。应有足够的空间清洁、维护和维修实验室内暴露的管道,应在关键节点安装截止阀、防回流装置或 HEPA 过滤器等。对于 ABSL-3 实验室,应在实验室防护区内设淋浴间,需要时,应设置强制淋浴装置。淋浴间或缓冲间的地面液体收集系统应有防液体回流的装置。实验室防护区内如果有下水系统,应与建筑物的下水系统完全隔离;下水应直接通向本实验室专用的消毒灭菌系统。所有下水管道应有足够的倾斜度和排量,确保管道内不存水;管道的关键节点应按需要安装防回流装置、存水弯(深度应适用于空气压差的变化)或密闭阀门等;下水系统应符合相应的耐压、耐热、耐化学腐蚀的要求,安装牢固,无泄漏,便于维护、清洁和检查。应使用可靠的方式处理处置污水(包括污物),并应对消毒灭菌效果进行监测,以确保达到排放要求。应在风险评估的基础上,适当处理实验室辅助区的污水,并应监测,以确保排放到市政管网之前达到排放要求
四级	除同 BSL-3 要求以外,对于 ABSL-4 实验室,淋浴间应设置强制淋浴装置。适用于 4.4.4 的实验室,进出防护区的核心工作间时,应经过化学淋浴间

6.2.2 给水

6.2.2.1 实验室给水

三、四级生物安全实验室给水原理如图 6.2.2.1 所示，给水系统设计时应遵循以下几点原则：

（1）生物安全实验室防护区的给水管道应采取设置倒流防止器或其他有效的防止回流污染的装置，并且这些装置应设置在辅助工作区。

为了防止生物安全实验室在给水供应时可能对其他区域造成回流污染。防回流装置是在给水、热水、纯水供水系统中能自动防止因背压回流或虹吸回流而产生的不期望的水流倒流的装置。防回流污染产生的技术措施一般可采用空气隔断、倒流防止器、真空破坏器等措施和装置。

（2）ABSL-3 和四级生物安全实验室室宜设置断流水箱，水箱容积宜按一天的用水量进行计算。

一级、二级和 BSL-3 实验室工作人员在停水的情况下可完成实验安全退出，故不考虑市政停水对实验室的影响。对于 ABSL-3 实验室和四级生物安全实验室，在城市供水可靠性不高、市政供水管网检修等情况下，设置断流水箱储存一定容积的实验区用水可满足实验人员和实验动物用水，同时断流水箱的空气隔断也能防止对其他区域造成回流污染。

（3）三级和四级生物安全实验室防护区的给水管路应以主实验室为单元设置检修阀门和止回阀。

以主实验室为单元设置检修阀门，可满足检修时不影响其他实验室的正常使用。因为三级和四级生物安全实验室防护区内的各实验室实验性质和实验周期不同，为防止各实验室给水管道之间串流，应以主实验室为单元设置止回阀。

（4）一级和二级生物安全实验室应设洗手装置，并宜设置在靠近实验室的出口处。三级和四级生物安全实验室的洗手装置应设置在主实验室出口处，对于用水的洗手装置的供水应采用非手动开关。

实验人员在离开实验室前应洗手，从合理布局的角度考虑，宜将洗手设施设置在实验室的出口处。如有条件尽可能采用流动水洗手，洗手装置应采用非手动开关，如：感应式、肘开式或脚踏式，这样可使实验人员不和水龙头直接接触。洗手池的排水与主实验室的其他排水通过专用管道收集至污水处理设备，集中消毒灭菌达标后排放。如实验室不具备供水条件，可用免接触感应式手消毒器作为替代的装置。

（5）二级、三级和四级生物安全实验室应设紧急冲眼装置。一级生物安全实验室内操作刺激或腐蚀性物质时，应在 30m 内设紧急冲眼装置，必要时应设紧急淋浴装置。

考虑到二级、三级和四级生物安全实验室中有酸、苛性碱、腐蚀性、刺激性物质等危险化学品溅到眼中的可能性，如发生意外能就近、及时进行紧急救治，故在以上区域的实验室内应设紧急冲眼装置。冲眼装置应是符合要求的固定设施或是有软管连接于给水管道的简易装置。在特定条件下，如实验仅使用刺激较小的物质，洗眼瓶也是可接受的替代装置。一级生物安全实验室应保证每个使用危险化学品地点的 30m 内有可供使用的紧急冲眼装置。是否需要设紧急淋浴装置应根据风险评估的结果确定。

（6）ABSL-3 和四级生物安全实验室防护区的淋浴间应根据工艺要求设置强制淋浴装置。

为了保证实验人员的职业安全，同时也保护实验室外环境的安全。设计时，根据风险评估和工艺要求，确定是否需设置强制淋浴。该强制淋浴装置设置在靠近主实验室的外防护服更换间和内防护服更换间之间的淋浴间内，由自控软件实现其强制要求。

（7）大动物生物安全实验室和需要对笼具、架进行冲洗的动物实验室应设必要的冲洗设备。

牛、马等动物是开放饲养在大动物实验室内的，故需要对实验室的墙壁及地面进行清洁。对于中、小动物实验室，应有装置和技术对动物的笼具、架及地面进行清洁。采用高压冲洗水枪及卷盘是清洁动物实验室有效的冲洗设备，国外的动物实验室通常都配备。但设计中应考虑使用高压冲洗水枪存在虹吸回流的可能，可设真空破坏器避免回流污染。

（8）三级和四级生物安全实验室的给水管路应涂上区别于一般水管的醒目的颜色。

为了防止与其他管道混淆，除了管道上涂醒目的颜色外，还可以同时采用挂牌的做法，注明管道内流体的种类、用途、流向等。

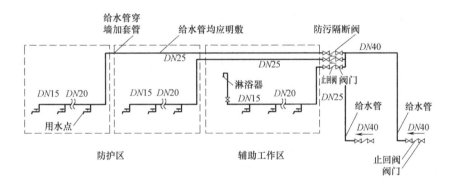

图 6.2.2.1　三、四级生物安全实验室给水原理图

6.2.2.2　实验室纯水

三级、四级生物安全实验室用超纯水水质标准可参照医药行业、生物制品行业水质标准；其水质对电阻率的要求并不高，但对去除细菌及热原的要求却十分严格，其水质电阻率通常大于 $1.0\text{M}\Omega \cdot \text{cm}$（25℃），细菌微生物小于 100cfu/mL。纯水管道一般采用不锈钢管，自动氩弧焊接或卡箍连接。

纯水处理工艺一般由预处理、除盐和精处理三个工序组成，预处理主要去除原水中的悬浮物、色度、胶体、有机物、微生物及余氯等杂质，其出水的水质达到除盐设备的进水水质要求，采用生活饮用水作为纯水原水时，预处理通常采用砂过滤、活性炭过滤及软水器等处理单元，除盐工艺常根据纯水电阻率不同分别采用反渗透、离子交换、电渗析及相关组合的处理工艺，一般经反渗透和离子交换相结合的水处理工艺或直接采用双级反渗透工艺，其出水水质均能达到生物安全实验室实验用纯水的要求，精处理是对除盐水进一步除盐杀菌、去除微粒，使水质符合最终使用要求，常用处理单元有精混床、紫外线消毒、微滤等，经过上述工艺处理后，纯水水质电阻率通常能达到 $15M\Omega \cdot cm(25℃)$ 以上。

6.2.3 排水

生物安全实验室排水系统设计时应遵循以下几点原则：

（1）三级和四级生物安全实验室可在防护区内有排水功能要求的地面设置地漏，其他地方不宜设地漏。大动物房和解剖间等处的密闭型地漏内应带活动网框，活动网框应易于取放及清理。

三级和四级生物安全实验室防护区内有排水功能要求的地面，如淋浴间、动物房、解剖间、大动物停留的走廊处可设置地漏。密闭型地漏带有密闭盖板，排水时其盖板可人工打开，不排水时可密闭，可以内部不带水封而在地漏下设存水弯。对于排水中挟有易于堵塞的杂物时，如大动物房、解剖间的排水，应采用内部带有活动网框的密闭型地漏拦截杂物，排水完毕后取出网框清理。

（2）三级和四级生物安全实验室防护区应根据压差要求设置存水弯和地漏的水封深度；构造内无存水弯的卫生器具与排水管道连接时，必须在排水口以下设存水弯；排水管道水封处必须保证充满水或消毒液。

存水弯、水封盒等能有效隔断排水管道内的有毒有害气体外窜，从而保证了实验室的生物安全。存水弯水封必须保证一定深度，考虑到实验室压差要求、水封蒸发损失、自虹吸损失以及管道内气压变化等因素，国外规范推荐水封深度为150mm。严禁采用活动机械密封代替水封。实验室后勤人员需要根据使用地漏排水和不使用地漏排水的时间间隔和当地气候条件，主要是根据空气干湿度、水封深度确定水封蒸发量是否使存水弯水封干涸，定期对存水弯进行补水或补消毒液。

（3）三级和四级生物安全实验室防护区的排水应进行消毒灭菌处理。

三级和四级生物安全实验室防护区废水的污染风险是最高的，故必须集中收集，进行有效的消毒灭菌处理。

（4）三级和四级生物安全实验室的主实验室应设独立的排水支管，并应安装阀门。

每个主实验室进行的实验性质不同，实验周期不一致，按主实验室设置排水支管及阀门可保证在某一主实验室进行维修和清洁时，其他主实验室可正常使用。安装阀门可隔离需要消毒的管道以便实现原位消毒，其管道、阀门应耐热和耐化学消毒剂腐蚀。

（5）活毒废水处理设备宜设在最低处，便于污水收集和检修。

活毒废水处理设备安装在最低处，目的在于防护区活毒废水能通过重力自流排至实验建筑的最低处，同时尽可能减少废水管道的长度。

（6）ABSL-2防护区污水的处理装置可采用化学消毒或高温灭菌方式。三级和四级生物安全实验室防护区活毒废水的处理装置应采用高温灭菌方式。应在适当位置预留采样口和采样操作空间。

生物安全实验室应以风险评估为依据，确定实验室排水的处理方法。应对处理效果进行监测并保存记录，确保每次处理安全可靠。处理后的污水排放应达到环保的要求，需要监测相关的排放指标，如化学污染物、有机物含量等。

（7）生物安全实验室防护区排水系统上的通气管口应单独设置，不应接入空调通风系统的排风管道。三级和四级生物安全实验室防护区通气管口应设高效过滤器或其他可靠的消毒装置，同时应使通气管口四周的通风良好。

排风系统的负压会破坏排水系统的水封，排水系统的气体也有可能污染排风系统。通气管应配备与排风高效过滤器相当的高效过滤器，且耐水性能好。高效过滤器可实现原位消毒，其设置位置应便于操作及检修，宜与管道垂直对接，便于冷凝液回流。

有关排水管的通气管上设置高效空气过滤装置的问题，曾有人担心高效过滤器阻力大，会影响排水管的通气效果，致使排不出去气体。由于高效过滤器阻力与风量成正比，在额定风量下，高效过滤器的阻力一般为 220Pa，实际上排水管通气管上的通气量很小，阻力也很小，不会影响通气效果，国内已建高等级生物安全实验室采用的通气管上的排风高效过滤装置实物图如图 6.2.3-1 和图 6.2.3-2 所示。

图 6.2.3-1　排水管的通气管上安装的排风高效过滤装置 1（可原位消毒和检漏）

图 6.2.3-2　排水管的通气管上安装的排风高效过滤装置 2（可原位消毒和检漏）

（8）三级和四级生物安全实验室辅助工作区的排水，应进行监测，并应采取适当处理措施，以确保排放到市政管网之前达到排放要求。

辅助区虽属于相对清洁区，但仍需在风险评估的基础上确定是否需要采取处理。通常这类水可归为普通污废水，可直接排入室外，进综合污水处理站处理。综合污水处理站的处理工艺可根据源水的水质不同采用不同的处理方式，但必须有化学消毒的设施，消毒剂宜采用次氯酸钠、二氧化氯、二氯异氰尿酸钠或其他消毒剂。当处理站规模较大并采取严格的安全措施时，可采用液氯作为消毒剂，但必须使用加氯机。综合污水处理主要是控制理化和病原微生物指标达到排放标准的要求，生物安全实验室应监测相关指标。

（9）四级生物安全实验室双扉高压灭菌器的排水应接入防护区废水排放系统。

对于四级生物安全实验室，为防范意外事故时的排水带菌、病毒的风险，要求将其排水按防护区废水排放要求管理，接入防护区废水管道经高温高压灭菌后排放。对于三级生物安全实验室，考虑到现有的一些实验室防护区内没有排水，仅因为双扉高压灭菌器而设置污水处理设备没有必要，当采用生物安全型双扉高压灭菌器，基本上满足了生物安全要求。

6.2.4 气体供应

生物安全实验室的气体供应主要用于生命支持系统、气密门、高压灭菌锅、气密阀等，由于气体供应的重要性，要求其设计具有一定的冗余。高级别生物安全实验室气体供应设计原则如下：

（1）生物安全实验室的专用气体宜由高压气瓶供给，气瓶宜设置于辅助工作区，通过管道输送到各个用气点，并应对供气系统进行监测。气瓶设置于辅助工作区便于维护管理，避免了放在防护区时要搬出消毒的麻烦。

（2）所有供气管穿越防护区处应安装防回流装置，用气点应根据工艺要求设置过滤器。这是为了防止气体管路被污染，同时也使供气洁净度达到一定要求。

（3）真空装置是实验室常用的设备，当用于三级、四级生物安全实验室时，应采取措施防止真空装置的内部被污染，如在真空管道上安装相当于高效过滤器效率的过滤装置，防止气体污染；加装缓冲瓶防止液体污染。要求将真空装置安装在从事实验活动的房间内，是为了避免将可能的污染物抽出实验区域外。

（4）具有生命支持系统的正压服是一套高度复杂和要求极为严格的系统装置，如果安装和使用不当，存在着使人窒息等重大危险。为防意外，实验室还应配备紧急支援气罐，作为生命支持供气系统发生故障时的备用气源，供气时间不少于 60min/人。实验室需要通过评估确定总备用量，通常可按实验室发生紧急情况时可能涉及的人数进行设计。

（5）为了保证操作人员的职业安全，正压服型生物安全实验室应同时配备紧急支援气罐，紧急支援气罐的供气时间不应少于 60 min/人。供操作人员呼吸使用的气体的压力、流量、含氧量、温度、湿度、有害物质的含量等应符合职业安全的要求。

（6）充气式气密门的工作原理是向空心的密封圈中充入一定压强的压缩空气使密封圈膨胀密闭门缝，为此实验室应提供压力和稳定性符合要求的压缩空气源，适用时还需在供气管路上设置高效空气过滤器，以防生物危险物质外泄。要求充气式气密门的压缩空气供应系统的压缩机应备用。

6.2.5　管道敷设要求

生物安全实验室的楼层布置通常由下至上可分为下设备层、下技术夹层、实验室工作层、上技术夹层、上设备层，给水排水管道敷设原则如下：

（1）为了便于维护管理、检修，干管应敷设在上下技术夹层内，同时最大限度地减少生物安全实验室防护区内的管道。

（2）为了便于对三级和四级生物安全实验室内的给水排水和气体管道进行清洁、维护和维修，引入三级和四级生物安全实验室防护区内的管道宜明敷，并与墙壁保持一定距离，便于检查维修。

（3）一级和二级生物安全实验室摆放的实验室台柜较多，水平管道可敷设在实验台柜内，立管可暗装布置在墙板、管槽、壁柜或管道井内。暗装敷设管道可使实验室使用方便、清洁美观。

（4）给水排水管道、气体管道穿越生物安全实验室防护区的密封装置是保证实验室达到生物安全要求的重要措施，可通过采用可靠密封装置的措施保证围护结构的严密性，即维护实验室正常负压、定向气流和洁净度，防止气溶胶向外扩散。如：防止化学熏蒸时未灭活的气溶胶和化学气体泄漏，并保证气体浓度不因气体逸出而降低；异常状态下防止气溶胶泄漏。实践证明，三级、四级生物安全实验室采用密封元件或套管等方式是行之有效的。

6.2.6　管道管材要求

管道泄漏是生物安全实验室最可能发生的风险之一，须特别重视。管道材料可分为金属和非金属两类。设计时需要特别注意管材的壁厚、承压能力、工作温度、膨胀系数、耐腐蚀性等参数。

从生物安全的角度考虑，对管道连接有更高的要求，除了要求连接方便，还应该要求连接的严密性和耐久性。常用的非金属管道包括无规共聚聚丙烯（PP-R）、耐冲击共聚聚丙烯（PP-B）、氯化聚氯乙烯（CPVC）等，非金属管道一般可以耐消毒剂的腐蚀，但其耐热性不如金属管道。

常用的金属管道包括 304 不锈钢管、316L 不锈钢管道等，304 不锈钢管不耐氯和腐蚀性消毒剂，316L 不锈钢的耐腐蚀能力较强。管道的类型包括单层和双层，如输送液氮等低温液体的管道为真空套管式。真空套管为双层结构，两层管道之间保持真空状态，以提供良好的隔热性能。

生物安全实验室室内管材宜采用不锈钢管、铜管或无毒塑料管。管道宜采用焊接或快速接口连接。管道外表面应采取有效的防结露措施。

6.3 电气自控

6.3.1 供配电

6.3.1.1 负荷等级

保证生物安全实验室用电的可靠性对防止致病因子的扩散具有至关重要的作用，在进行生物安全实验室供配电设计时，应首先根据生物安全实验室建设级别来确定其用电负荷的等级、供电电源数量以及是否设置不间断电源和自备发电设备。二级生物安全实验室应根据实际情况确定用电负荷，不宜低于二级。

《生物安全实验室建筑技术规范》GB 50346—2011 第 7.1.2、7.1.3 条中对供配电做如下要求：（1）BSL-3 实验室和 ABSL-3 中的 a 类和 b1 类实验室应按一级负荷供电，当按一级负荷供电有困难时，应采用一个独立供电电源，且特别重要负荷应设置应急电源；应急电源采用不间断电源的方式时，不间断电源的供电时间不应小于 30min；应急电源采用不间断电源加自备发电机的方式时，不间断电源应能确保自备发电设备启动前的电力供应。（2）ABSL-3 中的 b2 类实验室和四级生物安全实验室必须按一级负荷供电，特别重要负荷应同时设置不间断电源和自备发电设备作为应急电源，不间断电源应能确保自备发电设备启动前的电力供应。

四级生物安全实验室一般是独立建筑，而三级生物安全实验室可能不是独立建筑。无论实验室是独立建筑还是非独立建筑，因为建筑中的生物安全实验室的存在，这类建筑均要求按生物安全实验室的负荷等级供电。BSL-3 实验室和 ABSL-3 中的 b1 类实验室特别重要负荷包括防护区的送风机、排风机、生物安全柜、动物隔离设备、照明系统、自控系统、监视和报警系统等供电。

根据生物安全实验室设计实践，笔者认为在设计之初要做必要的调查，与建设方共同确定当地的供电条件是否满足其供电等级。

凡是符合下列条件之一的均可视为一级负荷供电：（1）电源来自两个不同的发电厂，如图 6.3.1.1（a）所示；（2）电源分别来自不同的开闭站，如图 6.3.1.1（b）所示；（3）一路电源来自开闭站，另一个自备发电设备，如图 6.3.1.1（c）所示。

6.3.1.2 备用电源供电

当三级、四级生物安全实验室未设置不间断电源装置（Uninterruptible Power Supply，UPS）时，从断电到恢复供电至少需 2～30s 的时间，这期间实验室原有的负压状态会遭到破坏，若该实验室整体密封效果好，则这种短期的压力梯度变化不会影响到人身安全。但对于自动控制系统如电动风阀的开度以及变频风机等设备的运行状态却无法立即恢复至断电前的正常工作状态，而一旦出现突然断电，上述设备在恢复供电重新启动时均会变为初始状态（即电动风阀呈全关或全开状态，变频风机从零压开始启动），所以在恢复

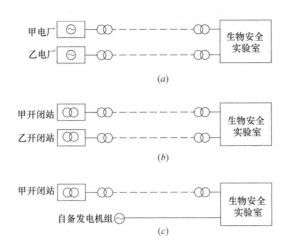

图 6.3.1.1　一级负荷供电条件

（a）电源来自两个不同的发电厂示意图；（b）电源分别来自两个不同的开闭站示意图；

（c）一路电源来自开闭站，另一路自备发电设备示意图

供电后，必定要经过一段时间的自动控制调节才能逐步达到断电前的各项设定值。这一时间段基本上不会对操作人员产生较大的危害。

对于 ABSL-3 中的 b2 类实验室和四级生物安全实验室来说，除了按一级负荷供电外，还要求另外设置不间断电源和自备发电机。当遇到突然断电的情况也丝毫不会影响到 ABSL-3 中的 b2 类实验室和四级生物安全实验室内的操作人员安全。这样设置的原因是因为双路供电会存在同时损坏的可能性，例如当一条线路正在检修时，另一条线路突然发生故障。所以增设不间断电源和自备发电机组则提高了一级负荷用户电源的可靠性。

备用电源设备可根据具体情况选择柴油发电机组或应急电源等。

6.3.1.3　UPS 不间断电源

当城市电网突然停电时，不间断电源装置（UPS）仍能保证交流电源不间断地供电。表 6.3.1.3 给出了 UPS 和备用发电机组的特点，并进行了对比分析。从表 6.3.1.3 可以看出，UPS 从启动时间、环保、维护便捷、供电状态、造价及运行成本等方面都要优于备用发电机组，故国家标准对三级、四级生物安全实验室均要求必须配备 UPS，对于 ABSL-3 中的 b2 类实验室和四级生物安全实验室，要求同时配备备用发电机组。

不间断电源 UPS 工作原理：UPS 正常运行时，由城市电网交流电源经整流器变为直流，并通过充电器对蓄电池组进行浮充，同时经逆变器输出优质的交流电源对重要用电设备供电。当城市电网突然断电时，装置自动转换到蓄电池组，利用蓄电池组储能环节放电，同时经逆变器对重要用电设备供电。由于静态交流不停电电源装置与城市电网经过直流储能环节隔离，排除了城市电网的瞬变干扰，并连续不间断地供给重要负荷用电，因而保证了重要设备安全可靠、连续稳定地正常运行。

1. UPS 不间断电源容量选择

由于生物安全实验室负压环境的特殊性，在有操作人员在实验室内工作时其主要设备不应断电。若供电系统为双电源供电系统，当其中一路发生故障，另一路应能在最短时间

UPS 不间断电源和备用发电机组的特点   表 6. 3. 1. 3

指标	UPS 不间断电源	备用发电机组	与备用发电机组相比
启动时间(s)	在线式	5～30	无断电
环保	无排气排烟,无振动,噪声一般为 55～65dB	有二氧化硫排放,排烟,噪声特大,有振动,油库要求防火	好
维护	维护简单,可无人值守,自动操作,可计算机监控	需要专人看管,需要定期维护	好
供电状态	供电电压稳定能力强,频率稳定,波形好,无干扰,效率高,	电压不稳定,频率不稳,效率低	好
造价及运行成本	一次性投入基本无后续运行费,电池可循环充放电,一般需 5～10 年更换电池组	发电机组设备采购成本稍低,但辅助设备造价高,且后续运行费用高	相近

内（一般不应超过 0.2s）自动投入使用。若双路供电系统中只有一路市电，而另一路使用自备发电设备时，考虑到初期建设投资及日常的运行管理等因素，可以优先保证生物安全实验室部分设备的供电，这样做可以适当降低 UPS 不间断电源的容量。这些设备应包括：用于维持整个生物安全实验室负压状态的空调系统送风机、排风机、生物安全柜、动物隔离器、门禁用电、弱电监控设备用电设备（其中照明应急措施可在部分灯具内安装镍镉电池，其放电时间不应小于 30min）。

同时还要考虑空调设备是否带变频调速器。若是直接启动的电机，则 UPS 不间断电源容量是电机功率的 5～7 倍；而对带有变频调速器的电机，选择 UPS 不间断电源容量可以是电机功率的 1 倍。

图 6.3.1.3-1 为某一生物安全实验室选用单台 UPS 不间断电源的供电系统图。另外，若是四级生物安全实验室供电时，除了考虑双路供电外，当选用 UPS 不间断电源作为备用电源时，可根据具体情况考虑是否需要冗余量。

图 6.3.1.3-2 为某一生物安全实验室选用双台 UPS 不间断电源设备并设计为冗余式 UPS 供电系统图。

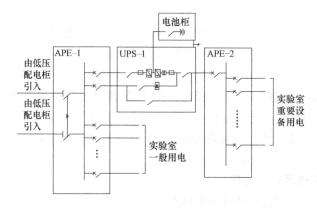

图 6. 3. 1. 3-1 单台 UPS 不间断电源的供电系统图

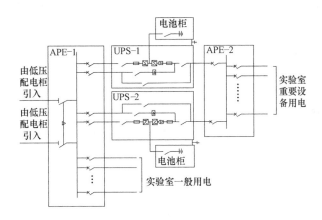

图 6.3.1.3-2　双台 UPS 不间断电源的供电系统图

2. UPS 不间断电源供电时间

当选用 UPS 不间断电源作为另一路电源时，应根据使用方的具体情况来选定不间断电源的时间（主要考虑在突然断电的情况下，保证操作人员能有充裕的时间处理中断的实验并逃出生物安全实验室前需进行的消毒灭菌、更衣等）。

UPS 不间断电源供电时间的确定，可分为两种情况处理：第一种情况是供电系统本身具备双路供电设施，而 UPS 不间断电源设备仅作为从第一路电源断电到第二路备用电源投入正常运行期间的临时用电，一旦备用电源投入正常运行，即可断开 UPS 不间断电源设备的供电，此种情况下 UPS 不间断电源的供电时间一般可选择 5min 以内；第二种情况是供电系统不具备两路供电设施，当唯一的一路供电电源突然断电时，UPS 不间断电源设备能立即投入使用，直到工作人员全部安全撤离生物安全实验室为止，这种情况下 UPS 不间断电源的供电时间一般可选择 10～20min 以内（视具体实验室的工作性质而定）。

例如某一研究病毒的生物安全实验室，在突然断电情况下一般需要 15min 工作人员才能安全撤出，而另外一个生物安全实验室只需要 10min 工作人员就能安全撤出，所以在进行设计和设备选型时应充分了解使用方的需求，以利于选择合适的设备，节省投资。

需要注意的是国家标准《实验室 生物安全通用要求》GB 19489—2008 第 6.3.6.2 条有关 BSL-3 实验室（同样适用于 ABSL-3 实验室及 BSL-4、ABSL-4 实验室）的要求是"生物安全柜、送风机和排风机、照明、自控系统、监视和报警系统等应配备不间断备用电源，电力供应应至少维持 30min。"在进行高等级生物安全实验室 CNAS 认可时，评审专家也往往按照供电时间 30min 进行验证，所以在设计选型计算时，应以 30min 以上为准。随着使用年限的增加，UPS 电池会衰减，当达不到 30min 时，要么更换电池，要么在标准操作规程（SOP）中进行风险评估，并给出风险应对措施。

6.3.1.4　配电其他问题

1. 提供独立的配电箱

除四级生物安全实验室是独立的建筑外，三级以下的生物安全实验室一般都会与其他功能的实验室建在同一栋建筑物内，从安全的角度考虑，三级以上生物安全实验室用配电箱应为独立使用，并且应设置在该实验室的清洁区内，不能设置在防护区内。

若同一层建筑物内有若干个三级生物安全实验室，如果实验室间彼此不相邻，建议分别设置配电箱，以利于检修和控制。另外，最好能给生物安全柜提供单独的配电回路，并在配电箱内预留几路备用回路。

2. 空调系统的联锁

为保证生物安全实验室的负压状态，在进行电气设计时必须考虑排风机与送风机间的互锁，只有在确认排风机启动后才能启动送风机；关机时也必须是先关送风机，然后再关排风机。

另外，在确认送风机开启后才能根据房间温湿度设定值启动电加热器或加湿器。关机时也是先关电加热器或加湿器，然后关送风机。

随着自动化技术的发展，目前生物安全实验室均采取自动控制，但在系统调试初期，一般会首先进行空调设备的单机调试。所以即使日常改由计算机软件做上述设备的连锁控制，在配电柜内也必须做硬件上的连锁。

空调风系统开机顺序应为：排风机—送风机—电加热器（或加湿器），关机则反之。

3. 漏电报警装置

任何用电安全要求很高的场所，对电气安全保护设备的质量的要求不得有半点含糊，所以为保证生物安全实验室供电的安全性，《生物安全实验室建筑技术规范》GB 50346—2011 第 7.1.5 条对此做如下规定：生物安全实验室内的电源宜设置漏电检测报警装置。设计时可根据配电箱内具体回路数选择合适的漏电流监视和报警装置。

6.3.2 照明

6.3.2.1 照明设计

为了满足工作的需要，生物安全实验室应具备适宜的照度。三级和四级生物安全实验室室内照明灯具宜采用吸顶式密闭洁净灯，并宜具有防水功能。吸顶式防水洁净照明灯表面光洁、不易积尘、耐消毒，适于在生物安全实验室中使用。

为了满足应急之需，应设置应急照明系统，紧急情况发生时工作人员需要对未完成的实验进行处理，需要维持一定时间正常工作照明。当处理工作完成后，人员需要安全撤离，其出口、通道应设置疏散照明。《实验室 生物安全通用要求》GB 19489—2008 和《生物安全 实验室建筑技术规范》GB 50346—2011 均要求"三级和四级生物安全实验室应设置不少于 30min 的应急照明及紧急发光疏散指示标志"。

进入实验室的入口和主实验室缓冲间入口的显示装置，可以采用文字显示或指示灯。

6.3.2.2 安装方式

一般洁净房间内的灯具安装有两种方式：

第一种为嵌入式安装，此种方式的优点是更换灯管在吊顶内十分方便（若吊顶内高度合适），一般不会给洁净房间带来尘源；其缺点是安装灯具时需先在顶板上开一个大洞，由此会给密封带来一定的难度，同时负压也不容易保证。

第二种为吸顶式安装，此种方式的优点是无需在顶板上开大洞，所以密封容易，不易产生泄漏；缺点是因更换灯管是在房间内，所以必须注意灯具的防尘问题，以避免由于更换灯管所带来的尘源。

6.3.3　自动控制

6.3.3.1　压力梯度控制要求

自动控制系统最根本的任务就是需要任何时刻均能自动调节以保证生物安全实验室关键参数的正确性，无论控制系统采用何种设备、何种控制方式，前提是要保证实验环境不会威胁到实验人员，不会将病原微生物泄漏到外部环境中。自动控制系统应能保证各房间之间定向流方向的正确及压差的稳定。

实验室排风系统是维持室内负压的关键环节，其运行要可靠。空调净化系统在启动备用风机的过程中，应可保持实验室的压力梯度有序，不影响定向气流。当送风系统出现故障时，如无避免实验室负压值过大的措施，实验室的负压值将显著增大，甚至会使围护结构开裂，破坏围护结构的完整性，所以需控制实验室内的负压程度。实验室应识别哪些设备或装置的启停、运行等会造成实验室压力波动，设计时应予以考虑。

实验室出现正压和气流反向是严重的故障，将可能导致实验室内有害气溶胶的外溢，危害人员健康及环境。生物安全实验室应建立有效的控制机制，合理安排送排风机启动和关闭时的顺序和时差，同时考虑生物安全柜等安全隔离装置及密闭阀的启、关顺序，有效避免实验室和安全隔离装置内出现正压和倒流的情况发生。为避免人员误操作，应建立自动连锁控制机制，尽量避免完全采取手动方式操作。

6.3.3.2　自动报警要求

报警方案的设计异常重要，原则是不漏报、不误报、分轻重缓急、传达到位。人员正常进出实验室导致的压力波动等不应立即报警，可将此报警响应时间延迟（人员开、关门通过所需的时间），延迟后压力梯度持续丧失才应判断为故障而报警。一般参数报警指暂时不影响安全，实验活动可持续进行的报警，如过滤器阻力的增大、温湿度偏离正常值等；重要参数报警指对安全有影响，需要考虑是否让实验活动终止或提示运行维护人员需要进行设备部件维修或更换的报警，如实验室出现正压、压力梯度持续丧失、风机故障切换、停电、火灾等。

无论出现何种异常时，中控系统应有即时提醒，不同级别的报警信号要易区分。紧急报警应设置为声光报警，声光报警为声音和警示灯闪烁相结合的报警方式。报警声音信号不宜过响，以能提醒工作人员而又不惊扰工作人员为宜。监控室和主实验室内应安装声光报警装置，报警显示应始终处于监控人员可见和易见的状态。主实验室内应设置紧急报警按钮，以便需要时实验人员可向监控室发出紧急报警。

由于三级和四级生物安全实验室防护区要求送风机和排风机稳定运行，以保障实验室的压力梯度要求，因此当送、排风机设置的保护装置（如运行电流超出热保护继电器设定值时，热保护继电器会动作等），常规做法是将此动作作为切断风机电源使之停转，但如果有很严格的压力要求时，风机停转会造成很严重的后果。热保护继电器、变频器等报警信号接入自控系统后，发生故障后自控系统应自动转入相应处理程序。转入保护程序后应立即发出声光报警，提示实验人员安全撤离。

在空调机组的送风段及排风箱的排风段设置压差传感器，设置压差报警是为了实时监测风机是否正常运转，有时风机皮带轮长期磨损造成风机丢转现象，虽然风机没有停转，但送、排风量已不足，风压不稳直接导致房间压力梯度振荡，监视风机压差能有效防止故障的发生。

送排风系统正常运转标志可以在送排风机控制柜上设置指示灯及在中控室监视计算机上设置显示灯，当其运行不正常时应能发出声光报警，在中控室的设备管理人员应能及时得到报警。

6.3.3.3 数据监测与显示要求

应在有负压控制要求的房间入口的显著位置安装压力显示装置，如液柱式压差计等，既直观又可靠，目的是使人员在进入房间前再次确认房间之间的压差情况，做好思想准备和执行相应的方案。

三级和四级生物安全实验室的自控系统应具有压力梯度、温湿度、连锁控制、报警等参数的历史数据存储显示功能，方便管理人员随时查看实验室参数历史数据，自控系统控制箱应设于防护区外。

高效过滤器是生物安全实验室最重要的二级防护设备，阻止致病因子进入环境，应保证其性能正常。通过连续监测送排风系统高效过滤器的阻力，可实时观察高效过滤器阻力的变化情况，便于及时更换高效过滤器。当过滤器的阻力显著下降时，应考虑高效过滤器破损的可能。对于实验室设计者而言，重点需要考虑的是阻力监测方案，因为每个实验室高效过滤器的安装方案不同。例如在主实验室挑选一组送排风高效过滤器安装压差传感器，其信号接入自控系统，或采用安装带有指示的压差仪表、人工巡视监视等，不管采用何种监视方案，其压差监视应能反映高效过滤器阻力的变化。

6.3.3.4 安全要求

当空调机组设置电加热装置时，应设置送风机有风检测装置，并在电加热段设置监测温度的传感器，有风信号及温度信号应与电加热连锁。这是对使用电加热的双重保护，当送风机无风或温度超出设定值均应立即切断电加热电源，保证设备安全。

三级和四级生物安全实验室的空调通风设备应能自动和手动控制，应急手动应有优先控制权，且应具备硬件连锁功能。应急手动是用于立即停止空调通风系统的，应由监控系统的管理人员操作，因此宜设置在中控室。当发生紧急情况时，管理人员可以根据情况判断是否立即停止系统运行。

四级生物安全实验室防护区室内外压差传感器采样管应配备与排风高效过滤器过滤效率相当的过滤装置。压差传感器一般不会有空气流通，安装高效过滤器是以防万一。

为了保持房间的洁净以及方便房间的消毒作业，在空调通风系统未运行时，防护区送、排风管上的密闭阀应处于常闭状态。

6.3.4 生物安全实验室压力波动原因及控制策略

防止室内病原微生物向外界扩散的基本原理是隔离，具体隔离方式为机械密封隔离和空气负压隔离。机械密封隔离是指用密封可靠的围护结构将传染性生物因子的操作环境与外界环境相隔离，空气负压隔离是指通过实验室内的负压控制实现空气定向流动，从而有效防止室内病原微生物向污染概率低的区域及周围环境扩散。

6.3.4.1 负压梯度扰动因素

1. 正常运行工况下的扰动

在实验室正常运行期间，经常会出现干扰室内压差稳定的情况，最常见的有四种情况：（1）工作人员进出开关门，导致静压差波动甚至逆转；（2）配备生命支持系统和化学淋浴的高等级生物安全实验室，室内有工作人员的动态工况下，正压防护服排风到室内，引起的静压差波动甚至逆转，另外化学淋浴间在压缩空气吹干的过程向化学淋浴间排风，也可归纳在此；（3）室内设置有对外的局部排风设备（如 B2 型生物安全柜、负压排风柜、动物隔离器、独立通风笼具等），设备启动与停止时，引起的静压差波动甚至逆转；（4）室内温湿度显著变化时引起的压力波动甚至逆转。

2. 异常故障的扰动

在实验室正常运行期间，偶尔会出现异常故障干扰室内压差稳定，甚至出现压力逆转的情况，常见的有两种情况：（1）当排风系统出现故障时，导致静压差波动甚至逆转；（2）当送风系统出现故障时，导致静压差波动甚至逆转。

3. 通风系统开关机的扰动

为避免实验室通风系统开关机过程中出现正压，要求送、排风系统连锁，即开机时要求先开排风机再开送风机，关机时先关送风机再关排风机。国内高等级生物安全实验室几乎全部是按照此连锁顺序运行的，但在开关机过程中仍有部分实验室出现短时相对压力逆转，另外有部分实验室出现绝对负压过大的情况（−300Pa 以上），破坏围护结构气密性。

6.3.4.2 负压梯度标准要求

高等级生物安全实验室房间压力控制是实验室通风控制的重要组成部分，是安全运行和污染控制的保证。

1. 负压梯度技术指标要求

《生物安全实验室建筑技术规范》GB 50346—2011 和《实验室 生物安全通用要求》GB 19489—2008 对气密性高等级生物安全实验室各功能间之间的静压差均有明确规定，汇总如表 6.3.4.2-1 所示。

2. 负压梯度抗干扰能力技术要求

《生物安全实验室建筑技术规范》GB 50346—2011 和《实验室 生物安全通用要求》GB 19489—2008 对气密性高等级生物安全实验室明确要求"在运行期间应有机制避免实验室出现正压和影响定向气流"，相应技术条文汇总如表 6.3.4.2-2 所示。

气密性高等级生物安全实验室各功能房间静压差要求　　表 6.3.4.2-1

房 间 名 称	相对于大气的最小负压(Pa)	与室外方向上相邻相通房间的最小负压差(Pa)
ABSL-3 中的 b2 类主实验室	−80	−25
BSL-4 主实验室	−60	−25
ABSL-4 主实验室	−100	−25
主实验室的缓冲间	*	−10
隔离走廊	*	−10
准备间	*	−10
防护服更换间	*	−10
防护区内的淋浴间	*	−10
化学淋浴间	*	−10
ABSL-4 的动物尸体处理设备间和防护区污水处理设备间	*	−10

注：表中 * 是指我国标准对这些功能房间相对于大气的最小负压未做明确要求。

气密性高等级生物安全实验室负压梯度抗干扰能力技术要求　　表 6.3.4.2-2

标准	干扰因素类别	条文号	条文要求
GB 19489—2008	正常运行(局部排风设备启停)、通风系统开关机	6.3.8.7	应通过对可能造成实验室压力波动的设备和装置实行连锁控制等措施,确保生物安全柜、负压排风柜(罩)等局部排风设备与实验室送排风系统之间的压力关系和必要的稳定性,并应在启动、运行和关停过程中保持有序的压力梯度
	异常故障(排风故障、送风故障)	6.3.8.5	当排风系统出现故障时,应有机制避免实验室出现正压和影响定向气流
		6.3.8.6	当送风系统出现故障时,应有机制避免实验室内的负压影响实验室人员的安全、影响生物安全柜等安全隔离装置的正常功能和围护结构的完整性
GB 50346—2011	正常运行(开关门、局部排风设备启停等)	5.3.6	三级和四级生物安全实验室应有能够调节排风或送风以维持室内压力和压差梯度稳定的措施
		7.3.1	空调净化自动控制系统应能保证各房间之间定向流方向的正确及压差的稳定
	异常故障(排风故障)	5.3.5	三级和四级生物安全实验室防护区应设置备用排风机,备用排风机应能自动切换,切换过程中应能保持有序的压力梯度和定向流
	通风系统开关机	7.3.6	三级和四级生物安全实验室空调净化系统启动和停机过程应采取措施防止实验室内负压值超出围护结构和有关设备的安全范围

6.3.4.3　负压梯度控制方案

1. 压力控制法

为了保证生物安全实验室的负压和压力梯度，尤其是控制生物安全实验室内生物安全柜等实验设备的启停对压力梯度的影响，一般要对实验室送、排风系统进行风量控制。高等级生物安全实验室实际工程实践中常用的风量控制方案如图 6.3.4.3-1 所示。

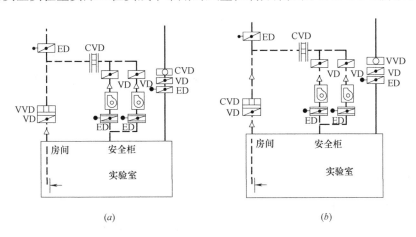

图 6.3.4.3-1　高等级生物安全实验室常用风量控制方案

(*a*) 送风定风量，排风变风量；(*b*) 送风变风量，排风定风量

ED—电动密闭阀；CVD—定风量阀；VD—风量调节阀；VVD—变风量阀；

实线—送风管道；虚线—排风管道

图 6.3.4.3-1 (*a*) 方案，即主实验室房间送风定风量、排风变风量，控制原理为当生物安全柜等局部排风设备启停时，通过变风量阀自动调节房间自身排风量的大小，以保证主实验室总排风量（为房间自身排风量与局部排风设备排风量之和）不变，维持室内压差不变。这种控制方案的优点是主实验室的总送风和总排风风量不变，始终处于平衡状态，实现自动控制比较容易。

图 6.3.4.3-1 (*b*) 方案，即主实验室房间送风变风量、排风定风量，控制原理为维持主实验房间自身的排风量一定，当生物安全柜等局部排风设备启停时通过变风量阀自动调节房间送风量的大小，维持室内压差不变。这种控制策略的特点是就整个主实验室而言，送、排风均变风量，完全视工作需要进行调整，节能效果较好，尤其是实验室内具有多种排风实验设备的情况下，节能潜力更大。

2. 余风量控制法

余风量控制法原理如图 6.3.4.3-2 所示，通过调整实验室各功能用房余风量的大小来保证各房间的压力梯度。余风量控制的优点是可解决系统变风量过程（如通风系统开关机、备用送/排风机组切换、B2 型生物安全柜启停等）中压力梯度的快速、稳定跟踪问题，缩短系统变风量过程时间，快速完成过渡。但在通风系统正常稳定运行时，系统各分支管路上的静压可能会经常发生改变，另外风量控制装置会存在一定误差，造成房间的实际余风量总是在动态变化之中，这使得房间压力梯度的波动可能会超出系统要求的范围，

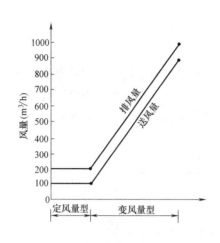

图 6.3.4.3-2 余风量控制法原理示意图

此时宜采用压力控制法进行微调，以确保房间压力梯度。

3. 送排风机变频控制

需要指出的是，"定送变排"、"变送定排"等都是针对主实验室（核心工作间）而言的，至于整个通风空调系统，送风机、排风机都应该配备变频器，以调节运行风量，大部分工程项目采用定静压和变静压相结合的方式控制送、排风机的运行，即通风空调系统正常运行期间送、排风机采用某个预先设定的静压值，执行定静压运行，随着高效过滤器阻力的增大，预先设定的静压值随之分级增加，以确保实验室的换气次数和负压梯度要求。

6.3.4.4 动态控制策略

1. 开关门时压力控制

高等级生物安全实验室由外向内，各功能用房的静压差越来越低，相邻相通房间均有相对压力要求。在操作人员进出各功能用房开门时，两个相邻房间的相对压差瞬间归零，绝对负压大的房间负压会减小，绝对负压小的房间负压会相应增大，减小或增大的幅度与两个房间的体积比有关，在开门后人员顺利进出并关门时，房间的绝对压力与相对压差将再次发生变化，整个过程（约需 20～40s）若相应风量调节阀根据压力信号进行调节，将会处于持续的调节过程中，致使房间压力持续波动。

在实际工程实践中，可采用在开门瞬间停止控制系统压差反馈的方式来防止因开关门造成实验室压差波动；也可采用延迟变风量阀的响应时间消除实验室开关门对压差的影响；文献 [7] 给出了气密性生物安全实验室（BSL）应对开关门的压差控制策略，可有效应对开关门对实验室压差稳定的干扰，保证实验室的定向流。前两种方式以静制动、简单有效，在国内高等级生物安全实验室实际工程中得到了广泛应用。

2. 穿戴正压防护服进出时压力控制

操作人员穿戴正压防护服进出实验室某功能用房（主要包括正压防护服更换间、化学淋浴间、主实验室，有的还包括防护走廊、主实验室缓冲间等）时，因正压防护服向室内排风（每套排风量 20～100m³/h），会降低气密性较好的实验室用房绝对负压值（如从 −80Pa 降低至 −70Pa），致使其与室外方向上相邻相通房间相对压力不符合标准要求，甚至出现压力逆转，此时宜采用压力控制法进行调节。

（1）跟踪动态控制

对于采用"定送变排"的高等级生物安全实验室，此时应根据房间压力值，自动增大房间排风量，以提高房间绝对负压值至原稳定值范围；对于采用"变送定排"的高等级生物安全实验室，此时应根据房间压力值，自动减小房间送风量，以提高房间绝对负压值至原稳定值范围。过去曾有一些专家提出体积较大的房间（如主实验室、防护走廊等）因送、排风量较大，对应风量调节阀的调节范围有限，能否适应精确压力控制问题。该问题可通过母子风管并联予以解决，即母风管采用定流量方式通过较大风量，子风管采用变流量方式通过较小风量，可实现实验室的精确风量调节和压力控制。

（2）初始静态控制

为解决正压防护服向室内排风而引起绝对压力减小、与室外方向上相邻相通房间相对压力减小甚至出现压力逆转的问题，进行压力控制调节的方案属于动态控制技术范畴，除此之外还可以通过初始静态控制思路解决该问题，即主实验室送、排风管均安装手动调节阀（或定风量阀），在整个实验室运行过程中不通过风量调节阀进行风量调节，仅通过初始较大的静压差弥补正压防护服向室内排风问题，如某 BSL-4 主实验室与相邻缓冲之间初始静压差 GB 19489—2008 和 GB 50346—2011 要求为－25Pa，调试时将其设置为－50Pa，当操作人员穿戴正压防护服进入主实验室时，主实验室与相邻缓冲之间的静压差降低为－30Pa，仍可满足标准要求，若不满足标准要求，说明初始静压差－50Pa 仍不足以抵消正压防护服排风的影响，应进一步加大初始静压差直至满足要求为止。

该方案仅需在通风空调系统安装完成后，对手动调节阀进行初始风平衡调试即可，在实际运行过程中基本不进行风量调节阀的任何调节控制，大大简化了自控系统。该方案在进行压力控制时可以生物安全风险性最高的核心工作间绝对压力为控制依据，自动调节排风机组变频器频率实现该核心工作间的静压差跟踪控制（主要是应对动态条件下室内压力波动）。该方案依靠初始大的静压差弥补室内压力扰动因素的影响，仍有一定局限性，当扰动强烈时（如通风量较大的局部排风设备的启停、化学淋浴间压缩空气注入时等）需要更大的静压差来弥补，会造成初始状态时核心工作间负压过大，此时需要采用压力控制法进行调节控制，即压力扰动强烈的房间（如化学淋浴间、配有较大通风量局部排风设备的房间）需要设置风量调节阀进行风量控制。

3. 局部排风设备启停时压力控制

当实验室内有局部排风设备时，通过该实验室房间自身的排风、局部排风设备的排风、房间送风三者之间的可靠有效的连锁控制，可实现房间压力梯度的稳定运行。

国内一些使用 B2 型生物安全柜的实验室往往容易出现三大类问题：（1）B2 型生物安全柜无法正常开启运行；（2）B2 型生物安全柜运行时实验室负压过大；（3）B2 型生物安全柜启停过程中，实验室压力梯度剧烈波动，甚至出现压力逆转。

上述三类问题发生的原因在于通风阀门及风机的设置不符合控制逻辑，突出表现在三点：（1）生物安全柜上方的排风机在一些工程项目中是不设置的，此时通风空调系统的大排风机应有足够压头确保生物安全柜能正常开启，若大系统排风机的压头不够，B2 型生物安全柜将无法正常开启；（2）生物安全柜排风支管、房间自身排风支管上未有针对性地设置定风量阀或变风量等阀门阻力部件，致使两个支管阻力不平衡，生物安全柜排风支管阻力偏大，排风基本从房间自身的排风支管上抽取；（3）生物安全柜排风支管、房间自身排风支管、房间送风主管上的对应定风量阀或变风量阀没有实现很好的快速响应连锁控制，致使出现负压过大、压力波动剧烈甚至出现压力逆转等问题。

4. 室内温湿度显著变化压力控制

正常情况下生物安全实验室的温湿度不会发生显著变化，但当室外出现较大温湿度变化时（如不期而至的瓢泼大雨），通风空调系统为控制室内相对湿度，可能会短时间内加大冷水流量、增加再热量（尤其是启动分级电加热，而非无级调节时），此时室内温湿度会有一个显著的变化，由于静压差和温度有一定相关性，会导致室内压力的短时波动甚至逆转，国内已有生物安全实验室发生过类似情况。为此，通风空调自控系统针对室外温湿度发生较大波动的情况，宜采用无级调节冷量、再热量，虽然可能出现一小段时间的室内相对湿度超标，但压力波动不至于剧烈甚至出现逆转。

6.3.4.5 案例分析

图 6.3.4.5 为国内某高等级生物安全实验室其中一间主实验室（记为主实验室 B）的绝对压力动态变化测试曲线图，横轴为绝对压力（每个压力格跨度为 10Pa），纵轴为时间（每个时间格跨度为 80s），主实验室 B 的初始压力为−60Pa，测试时间为 2016 年 6 月 8 日。

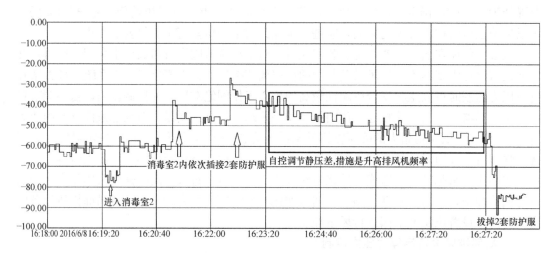

图 6.3.4.5 某高等级生物安全实验室核心工作间压力梯度动态变化曲线

图 6.3.4.5 反映的人员操作和自控系统调试过程包括以下四个阶段：

1. 开关门阶段

当从另一间主实验室（记为主实验室 A，初始压力为−90Pa）开门进入该主实验室 B 时，主实验室 B 的绝对压力迅速降低至约−75Pa，约 30s 开关门完成后，主实验室 B 的绝对压力恢复至−60Pa 左右。该过程通风空调自控系统并未进行调节干预。

2. 在室内插接正压防护服阶段

在主实验室 B 内依次插接两套正压防护服，主实验室 B 的绝对压力依次产生两个压力波动的脉冲，第一次稳定后压力为−45～−50Pa，第二次稳定后为−35～−40Pa。该过程通风空调自控系统并未通过风量调节阀进行微调控制，实际上本项目就是采用了本书所介绍的初始静态控制理念，即系统仅设置手动调节阀，依靠初始较大的静压差弥补解决压力扰动问题。

3. 压力偏差较大时风机变频纠正阶段

主实验室第二次插接正压防护服稳定后室内静压差（约−40Pa）偏离初始值（约−60Pa）较大，通风空调自动控制系统根据该压力偏差值启动调节程序，升高排风机的频率，主实验室 B 的压力里逐渐降低，恢复至初始压力−60Pa 左右。该过程通风空调自控系统仅是通过调节排风机频率来纠正较大的压力偏差，并未依靠风量调节阀进行微调控制。

4. 在室内拔掉正压防护服阶段

图 6.4.4.5 的最后阶段为在主实验室 B 内同时拔掉两套正压防护服后的曲线，可以看出，此时房间绝对负压增大至−85Pa 左右，这是由于排风机的频率在上面第三个阶段升高了的缘故。此后通风空调自控系统将会根据该压力偏差值再次启动调节程序，降低排风机的频率，主实验室 B 的压力逐渐恢复至初始压力−60Pa 左右。图 6.4.4.5 的测试时间为 2016 年 6 月，当时并未对后面的调节过程进行截图，特此说明。

6.3.4.6　小结

（1）生物安全实验室房间压力控制是实验室通风控制的重要组成部分，是安全运行和污染控制的保证，国家标准对负压梯度技术指标及抗干扰能力均有明确的技术要求。

（2）高等级生物安全实验室压力波动的原因主要有正常运行工况下的扰动、异常故障扰动、通风系统开关机扰动三大类，其中正常运行工况下的扰动包括开关门、正压防护服及化学淋浴释放到室内的压缩空气、局部排风设备的启停、室内温湿度显著变化等，异常故障扰动包括送、排风系统故障扰动。

（3）为实现生物安全实验室压力梯度的快速、稳定跟踪问题，系统变风量时宜采用余风量控制法完成过渡，而系统处于稳态时宜通过压力控制法进行微调，以确保房间压力梯度。

（4）对于开关门对高等级生物安全实验室压力波动的影响，可采用在开门瞬间停止控制系统压差反馈的方式来防止因开关门造成实验室压差波动；也可采用延迟变风量阀的响应时间消除实验室开关门对压差的影响。

（5）对于正压防护服及化学淋浴向室内释放压缩空气对压力波动的影响，可采用初始高静压差的方式予以弥补，辅以排风机变频控制进行大偏差的纠正，也可以采用变风量阀进行动态跟踪控制的方式解决。

6.3.5　安全防范及通信

6.3.5.1　安全防范

四级生物安全实验室无论是独立建筑，还是与其他级别生物安全实验室共用建筑物，其重要性使得其建筑周围都设安防系统，防止有意或无意接近建筑。在生物安全实验室的总入口需要设置门禁，对一些功能复杂的生物安全实验室，也可根据需要安装二级门禁系统。常用的门禁有电子信息识别、数码识别、指纹识别和虹膜识别等方式，生物安全实验室应选用安全可靠、不易破解、信息不易泄露的门禁系统，保证只有获得授权的人员才能进入生物安全实验室。门禁系统应可记录进出人员的信息和出入时间等。

三级和四级生物安全实验室防护区内的缓冲间、化学淋浴间等房间的门应采取互锁措施。互锁是为了减少污染物的外泄、保持压力梯度和要求实验人员需完成某项工作而设置的。缓冲间互锁是为了减少污染物的外泄、保持压力梯度，互锁后能够保证不同压力房间的门不同时打开，保护压力梯度从而使气流不会相互影响。化学淋浴间的互锁还有保证实验人员必须进行化学淋浴才能离开的作用。

生物安全实验室互锁的门会影响人员的通过速度，应有解除互锁的控制机制。当人员需要紧急撤离时，可通过中控系统解除所有门或指定门的互锁。此外，还应在每扇互锁门的附近设置紧急手动解除互锁开关，使工作人员可以手动解除互锁。

由于生物安全实验室的特殊性，对实验室内和实验室周边均有安全监视的需要。一是应监视实验室活动情况，包括所有风险较大的、关键的实验室活动；二是应监视实验室周围情况，这是实验室生物安保的需要，应根据实验室的地理位置和周边情况按需要设置。

我国《病原微生物实验室生物安全管理条例》规定，实验室从事高致病性病原微生物相关实验活动的实验档案保存期不得少于 20 年。实验室活动的数据及影像资料是实验室的重要档案资料，实验室应及时转存、分析和整理录制的实验室活动数据及影像资料，并归档保存。监视设备的性能和数据存储容量应满足要求。

6.3.5.2 通信

三级和四级生物安全实验室防护区内应设置必要的通信设备。生物安全实验室通信系统的形式包括语音通信、视频通信和数据通信等，目的主要有两个：安全方面的信息交流和实验室数据传输。为避免污染扩散的风险，应通过在生物安全实验室防护区内（通常为主实验室）设置的传真机或计算机网络系统，将实验数据、实验报告、数码照片等资料和数据向实验室外传递。适用的通信设备设施包括电话、传真机、对讲机、选择性通话系统、计算机网络系统、视频系统等，应根据生物安全实验室的规模和复杂程度选配以上通信设备设施，并合理设置通信点的位置和数量。

三级和四级生物安全实验室内与实验室外应有内部电话或对讲系统。安装对讲系统时，宜采用向内通话受控、向外通话非受控的选择性通话方式。在实验室内从事的高致病性病原微生物相关的实验活动，是一项复杂、精细、高风险和高压力的活动，需要工作人员高度集中精神，始终处于紧张状态。为尽量减少外部因素对实验室内工作人员的影响，监控室内的通话器宜为开关式。在实验间内宜采用免接触式通话器，使实验操作人员随时可方便地与监控室人员通话。

6.4 消防

6.4.1 概述

对生物安全实验室来说，消防安全和生物安全同样重要，只是对不同类型的生物安全实验室而言，其防护特点不同。生物安全实验室的设计、建造须符合国家的消防规定和要求，例如：使用的建筑材料不能为可燃或易燃材料，而应使用阻燃或难燃性材料；建筑材料在高温或燃烧时不能产生有毒有害气体；应在不同区域设置烟感报警器；要设置足量、有效的消防器材；消防器材应方便取得和适用于生物安全实验室等。

生物安全实验室具有一定的特殊性，如：实验室操作/保存了可传染性病原体或饲养了带病毒或细菌的动物；实验室内的仪器设备大多为用电设备，且价格昂贵；实验室内的工作人员较少，在发生火灾疏散时，不易造成人员拥挤和堵塞；实验室内的易燃物有限等。在不违反国家消防规定和要求的前提下，同时考虑生物安全实验室的特点，并非指生物安全实验室可以不设消防。设计和建设单位如果存有疑问，应事先征询消防主管部门的建议，这非常必要，可以避免浪费和确保采取正确的消防措施。

现行国家标准《建筑设计防火规范》GB 50016 只提到厂房、仓库和民用建筑的防火设计，没有提到生物安全建筑的耐火等级问题。生物安全实验室内的设备、仪器一般比较贵重，但生物安全实验室不仅仅是考虑仪器的问题，更重要的是保护实验人员免受感染和防止致病因子的外泄。《生物安全实验室建筑技术规范》GB 50346—2011 根据根据生物安全实验室致病因子的危害程度，同时考虑实验设备的贵重程度，作了相关规定。

6.4.2　高等级实验室特殊要求

四级生物安全实验室实验的对象是危害性大的致病因子，采用独立的防火分区主要是为了防止危害性大的致病因子扩散到其他区域，将火灾控制在一定范围内。由于一些工艺上的要求，三级和四级生物安全实验室有时置于一个防火分区，但为了同时满足防火要求，此种情况三级生物安全实验室的耐火等级应等同于四级生物安全实验室。

现行国家标准《建筑设计防火规范》GB 50016 对吊顶材料的燃烧性能和耐火极限要求比较低，这主要是考虑人员疏散，而三级和四级生物安全实验室不仅仅是考虑人员的疏散问题，更要考虑防止危害性大的致病因子的外泄。为了有更多的时间进行火灾初期的灭火和尽可能地将火灾控制在一定的范围内，故规定吊顶材料的燃烧性能和耐火极限不应低于所在区域墙体的要求。

三级和四级生物安全实验室的送排风系统如设置防火阀，其误操作容易引起实验室压力梯度和定向气流的破坏，从而造成致病因子泄漏的风险加大。单体建筑三级和四级生物安全实验室，考虑到主体建筑为单体建筑，并且外围护结构具有很高的耐火要求，可以把单体建筑的生物安全实验室和上、下设备层看成一个整体的防火分区，实验室的送排风系统可以不设置防火阀。

三级和四级生物安全实验室的消防设计原则与一般建筑物有所不同，尤其是四级生物安全实验室，除了首先考虑人员安全外，还必须要考虑尽可能防止有害致病因子外泄。因此，首先强调的是火灾的控制。除了合理的消防设计外，在实验室操作规程中建立一套完善、严格的应急事件处理程序，对处理火灾等突发事件，减少人员伤亡和污染物外泄是十分重要的。

6.4.3　灭火措施要求

生物安全实验室应设置火灾自动报警装置和合适的灭火器材。合适的灭火器材是指对生物安全实验室不会造成大的损坏，不会导致致病因子扩散的灭火器材，如气体灭火装置等。

三级和四级生物安全实验室防护区不应设置自动喷水灭火系统和机械排烟系统，但应根据需要采取其他灭火措施。如果自动喷水灭火系统在三级和四级生物安全实验室中启动，极有可能造成有害因子泄漏。规模较小的生物安全实验室，建议设置手提灭火器等简便灵活的消防用具。

本章参考文献

[1] 中国建筑科学研究院. 生物安全实验室建筑技术规范. GB 50346—2011 [S]. 北京：中国建筑工业出版社，2012.

[2] 中国合格评定国家认可中心. 实验室生物安全通用要求. GB19489-2008 [S]. 北京：中国标准出版社，2008.

[3] 中国合格评定国家认可中心. 实验室设备生物安全性能评价技术规范. RB/T 199—2015 [S]. 北京：中国标准出版社，2016.

[4] 马立东. 生物安全实验室类建筑的规划与建筑设计 [J]. 建筑科学，2005，21（增刊）：24-33.

[5] 吴东来. 大动物高级别生物安全实验室设计建设要点 [J]. 中国预防医学杂志，2008，9（6）：574-577.

[6] 吕京，王荣，曹国庆. 四级生物安全实验室防护区范围及气密性要求 [J]. 暖通空调，2018，48（3）：15-20.

[7] Public Health Agency of Canada. Canadian Biosafety Standard (CBS) Second Edition [S]. Ottawa，http：//canadianbiosafetystandards. collaboration. gc. ca，2015：93-94，151.

[8] Public Health Agency of Canada. Canadian Biosafety Handbook (CBH) Second Edition [M]. Ottawa，http：//canadianbiosafetystandards. collaboration. gc. ca，2015.

[9] Department of Health and Human Services. Biosafety in Microbiological and Biomedical Laboratories，5th ed. [M]. Atlanta，Georgia：December，2009：51-56，333-346 . http：//www. cdc. gov/biosafety/publications/bmbl5 (accessed Feb. 19，2013).

[10] United States Government Accountability Office（GAO）. High-Containment Laboratories：National Strategy for Oversight Is Needed，GAO-09-574（Washington，D. C. ：Sept. 21，2009）.

[11] United States Government Accountability Office（GAO）. High-Containment Laboratories：Assessment of the Nation's Need Is Missing [R]. Washington，DC：February 25，2013.

[12] Joint Technical Committee CH-026，Safety in Laboratories. Council of Standards Australia and Council of Standards New Zealand. Australian/New Zealand Standard™ Safety in laboratories Part 3：Microbiological safety and containment [S]，AS/NZS 2243. 3：2010：49-50，70-71，170-171.

[13] Peter Mani，Paul LangEvin. Veterinary Containment Facilities Design & Construction Handbook [M]. International Veterinary Biosafety Working Group，2006.

[14] 全国认证认可专业委员会. GB 19489—2008《实验室生物安全通用要求》理解与实施 [M]. 北京：中国质检出版社，2010.

[15] 曹国庆，王荣，翟培军. 高等级生物安全实验室围护结构气密性测试的几点思考 [J]. 暖通空调，2016，46（12）：74-79.

[16] Jonathan Y. Richmond 主编. 生物安全选集 V：生物安全四级实验室 [M]. 中国动物疫病预防控制中心　翻译北京：中国农业出版社，2012.

[17] PikE RM. Laboratory-associatEd infEctions, summary and analysis of 3921 casEs [J]. HEalth Lab Sci, 1976，13：105-114.

[18] ISO. Air filtErs for gEnEral vEntilation - Part 1：TEchnical spEcifications，rEquirEmEnts and EfficiEncy classification systEm basEd upon ParticulatE MattEr (PM)：ISO/DIS 16890-1 [S]. GEnEva，2016：1-8.

[19] 曹国庆，王荣，翟培军. 高等级生物安全实验室围护结构气密性测试的几点思考 [J]. 暖通空调，2016，46 (12)：74-79.

[20] 曹国庆，张益昭，董林. BSL-3 实验室空调系统风机配置运行模式探讨 [J]. 环境与健康杂志，2009，26 (6)：547-549.

[21] 曹国庆，王荣，李屹等. 高等级生物安全实验室压力波动原因及控制策略 [J]. 暖通空调，2018，48 (1)：7-12.

[22] 曹国庆，李晓斌，党宇. 高等级生物安全实验室空间消毒模式风险评估分析 [J]. 暖通空调，2017，47 (3)：51-56.

[23] 张益昭，于玺华，曹国庆等. 生物安全实验室气流组织形式的实验研究 [J]. 暖通空调 2006，36 (11)：1-7.

[24] 曹国庆，张益昭，许钟麟等. 生物安全实验室气流组织效果的数值模拟研究 [J]. 暖通空调，2006，36 (12)：1-4.

[25] 曹国庆，刘华，梁磊等. 由生物安全实验室检测引发的有关设计问题的几点思考 [J]. 暖通空调，2007，37 (10)：52-57.

[26] 张品东，曹国庆. 高等级生物安全实验室 UPS 设计及风险分析 [J]. 建筑电气，2018，37 (1)：15-19.

[27] 曹国庆，刘华，梁磊等. 由生物安全实验室检测引发的有关设计问题的几点思考 [J]. 暖通空调. 2007，37 (10)：52-57.

[28] 王清勤，赵力，曹国庆等. GB 50346 生物安全实验室建筑技术规范修订要点 [J]. 洁净与空调技术，2012，2：44-48.

[29] 李屹，曹国庆，代青. 高等级生物安全实验室压力衰减法气密性测试影响因素 [J]. 暖通空调，2018，48 (1)：28-31.

[30] 李屹，曹国庆，王荣等. 生物安全柜运行现状调研 [J]. 暖通空调，2018，48 (1)：32-37.

[31] 曹冠朋，曹国庆，陈咏等. 生物安全隔离笼具产品和标准概况及现场检测结果 [J]. 暖通空调，2018，48 (1)：38-43.

[32] 张惠，郝萍，曹国庆等. 非气密式动物隔离设备运行现状调研分析 [J]. 暖通空调，2018，48 (1)：45-47.

[33] 曹国庆，许钟麟，张益昭等. 洁净室气密性检测方法研究——国标《洁净室施工及验收规范》编制组研讨系列课题之八 [J]. 暖通空调，2008，38 (11)：1-6.

[34] 曹国庆，许钟麟，张益昭等. 洁净室高效空气过滤器现场检漏方法的实验研究——国标《洁净室施工及验收规范》编制组研讨系列课题之七 [J]. 暖通空调，2008，38 (10)：4-8.

[35] 曹国庆，崔磊，姚丹. 生物安全实验室综合性能评定若干问题的探讨：系统安全性与可靠性验证 [C]. 全国暖通空调制冷 2010 年学术年会论文集，2010.

[36] PEtEr Mani 著. 兽医生物安全设施——设计与建造手册 [M]. 徐明等译. 北京：中国农业出版社，2006.

[37] 谭立国，陈希勇. 生物安全实验室给水排水设计 [J]. 洁净与空调技术，2006，3：54-56，68.

[38] 张亦静. 国外某四级生物安全实验室给排水系统介绍 [J]. 给水排水，2006，32（10）：71-74.

[39] 赵侠. 高等级生物安全实验室暖通消防设计探讨 [J]. 暖通空调，2013，43（10）：70-74.

[40] 赵侠，李顺，杨鹏等. 高等级生物安全实验室环境技术研究 [J]. 暖通空调，2013，43（2）：63-68.

[41] 汤福南. 三级和四级生物安全实验室的给排水设计 [J]. 给水排水，2005，31（8）：68-69.

第7章　工程施工、检测与验收

7.1　概述

由于生物安全实验室的，技术含量高、利润大，一些对生物安全实验室一知半解的公司也想方设法挤入生物安全实验室建设市场，一些非正规单位甚至利用低价竞争强占市场，取得一些"业绩"，然而"业绩"并不代表专业，低价不等于优质。

目前，国内能真正承接高等级生物安全实验室设计、施工、监理和检测的单位并不多，监理公司也刚刚涉入这个特殊行业，国家对生物安全实验室的设计、建设、监理和检测还没有实行统一的资质管理，没有一个统一规范的建设市场。因此，在选择设计、施工、监理和检测单位时要特别谨慎，应选择曾经设计、建设、监理和检测过生物安全三级以上实验室并通过认可成功使用的单位，这样既是对自己负责，也是对社会负责。一个没有设计和建造过生物安全实验室的施工单位，很难建造出一个合格的生物安全实验室；一个没有检测过生物安全三级以上实验室设施设备的检测单位，很难替使用单位严把质量关。

国内生物安全实验室建设起步较晚，建筑材料质量和建设经验与国外有很大差距。由于生物安全实验室建筑用材专业性较强，需要相关专业人员参与选材，严把建材质量关，特别是关系到系统安全的设备或材料质量要就高不就低。一支强大的施工队伍和加强施工监理是工程建设的关键。这类工程专业性强、技术要求高，需要多个工种甚至多家施工单位的密切配合，加强现场施工技术协调和监督管理显得尤其重要。

生物安全实验室的施工应以生物安全防护为核心。三级和四级生物安全实验室施工应同时满足洁净室施工要求。生物安全实验室施工应编制施工方案。各道施工程序均应进行记录，验收合格后方可进行下道工序施工。施工安装完成后，应进行单机试运转和系统的联合试运转及调试，做好调试记录，并应编写调试报告。

生物安全实验室竣工后，在投入使用之前，首先必须逐项进行设施设备的调试验收和性能指标验证。关键工艺设施设备，如高压灭菌器、污水处理系统、生物安全柜、高效过滤系统等，还必须经过权威部门的检测，包括物理性能（洁净度、温度、湿度、负压值、气流流速、流向、HEPA 物理检测等）的检测和生物学（HEPA 对微生物气溶胶滤除率、高温高压对目的微生物的杀死率）检测以及实验室结构的强度、气密性检测，实验室等级越高，检测项目越多、标准越高，这是不可忽视的环节。

7.2 工程施工

7.2.1 概述

生物安全实验室设施包含的专业：

1. 建筑工程

生物安全实验室建筑工程包括建筑结构、洁净装修两部分，在本书第 5 章做了介绍。

2. 机电安装

生物安全实验室机电安装工程包括暖通空调、给水排水、气体动力、电气工程、弱电工程（综合布线，对接，监控，门禁）、自控工程，在本书第 6 章做了介绍。

3. 工艺设备

生物安全实验室工艺设备包括双扉高压灭菌器、活毒废水设备、组织处理机、原位消毒原位检测排风过滤单元、化学淋浴、生命支持系统、生物安全柜（A2，B2）、负压通风笼架、换笼柜、解剖台、气溶胶感染装置，在本书第 4 章做了介绍。

某高级别生物安全实验室 BIM 模型透视图如图 7.2.1 所示。

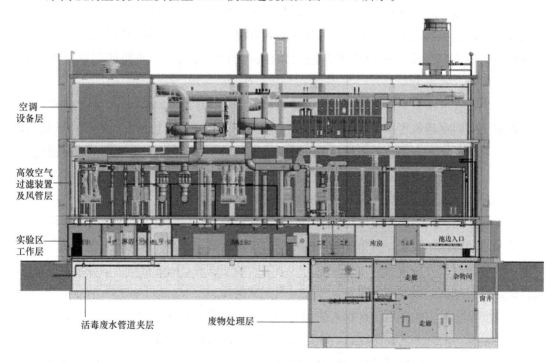

空调设备层

高效空气过滤装置及风管层

实验区工作层

活毒废水管道夹层   废物处理层

图 7.2.1 某高级别生物安全实验室 BIM 模型透视图

生物安全实验室设施包括一级屏障和二级屏障，其中一级屏障主要是操作者与被操作对象之间的隔离，二级屏障主要是生物安全实验室与外部环境之间的隔离，建筑装修、机电工程、部分工艺设备属于二级屏障范畴。

国家标准《生物安全实验室建筑技术规范》GB 50346—2011 第 9 章从一般规定、建筑装修、空调净化、实验室设备四个方面规定了生物安全实验室的施工要求，这里只是介绍几个施工细节问题，其他要求不再赘述。

7.2.2 围护结构严密性施工细节

围护结构的严密性是生物安全实验室的一项重要指标，是实验室与外部环境隔离的物理基础，也是对生物安全可靠性的重要保证。以下密封措施来源于某次实验室论坛上的讲稿，需要说明的是：由于围护结构采用的是彩钢板，采用下述这些围护结构严密性技术后，实验室的围护结构严密性可以大幅改善，满足《实验室 生物安全通用要求》GB 19489—2008 规定的 4.4.2 类实验室严密性测试没有问题，但彩钢板本身强度和严密性满足不了《实验室 生物安全通用要求》GB 19489——2008 规定的 4.4.3 类实验室（大动物 ABSL-3 实验室）及四级生物安全实验室的严密性要求。要满足大动物 ABSL-3 实验室的恒压法或四级生物安全实验室的压力衰减法气密性要求，需要采取不锈钢拼缝焊接或者现浇混凝土＋环氧这两种方案。

1. 彩钢板壁板与壁板之间的严密性安装技术

某高等级生物安全实验室将 100mm 厚双面可拆卸夹芯彩钢壁板引用到生物安全实验室的围护结构中去，代替传统的 50mm 厚的中字铝形式的夹芯彩钢板结构，如图 7.2.2-1 所示。

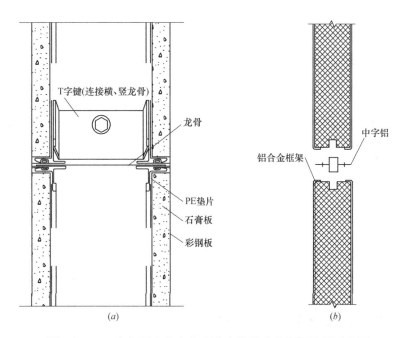

图 7.2.2-1 高级别生物安全实验室常用夹芯彩钢壁板对比图
(a) 100mm 厚双面可拆卸夹芯彩钢壁板；(b) 50mm 厚普通夹芯彩钢壁板

图 7.2.2-1（b）为 50mm 厚普通夹芯彩钢壁板，在龙骨的结构方面，图 7.2.2-1（a）

方案做到壁板和龙骨采用凹凸槽连接，图 7.2.2-1（b）只是一个中字铝形式的连接型材，图 7.2.2-1（a）的壁板的强度和严密性要优于图 7.2.2-1（b）。

2. 彩钢板壁板与地面之间的严密性安装技术

高等级生物安全实验室常用 50mm 彩钢板壁板与地面密封处理，如图 7.2.2-2 所示，常见的缺点：壁板与地龙骨之间存在泄露点；地龙骨与地面之间的圆弧处理只是采用 PVC 地面角处理，然后再铺设 PVC 地面卷材，由于 PVC 地面角不能很好阻断地龙骨与地面之间的缝隙，故此处存在漏点。

针对上述问题，可采用 100mm 厚壁板安装，在漏点处采用如图 7.2.2-3 所示的处理措施，简介如下：

（1）图 7.2.2-3"1"处，壁板与地龙骨的连接处采用凹凸槽连接，同时壁板内侧与龙骨边缘处采用 PE 垫片密封。

（2）图 7.2.2-3"2"处，地龙骨与地面之间的密封处理：第一步，采用环氧树脂胶（A+B）、毛巾灰和彩砂混合的环氧彩砂砂浆作为地龙骨与地面之间圆弧角的基层密封；第二步，在基层的基础上进行环氧的中涂层和批补层施工，增强密封处理；第三步，进行 PVC 地面角施工；第四步，将 PVC 卷材一直贴至壁板与地龙骨连接处；第五步，在壁板和 PVC 接缝处硅胶整体处理。

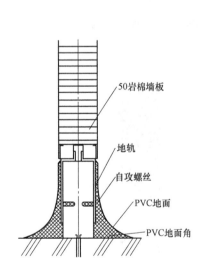

图 7.2.2-2　高等级生物安全实验室
50mm 厚壁板与地面节点图

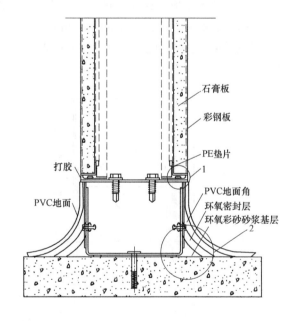

图 7.2.2-3　高等级生物安全实验室
100mm 厚壁板与地面节点图

3. 彩钢板壁板与顶板之间的严密性安装技术

在彩钢板壁板与顶板密封处理方面，采用如图 7.2.2-4 所示的措施，即：壁板与天龙骨的连接处采用凹凸槽连接，同时壁板内侧与龙骨边缘处采用 PE 垫片密封。比图 7.2.2-5 所示的传统 U 形槽铝的连接方式的严密性要高。

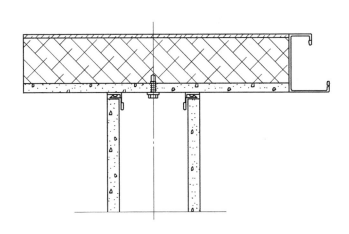

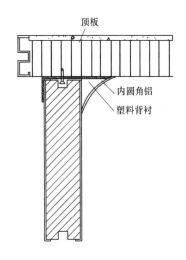

图 7.2.2-4　高等级生物安全实验室 100mm
厚壁板与顶板节点图

图 7.2.2-5　高等级生物安全实验
室传统的壁板与顶板节点图

4. 穿墙密封件应用

　　为了保持围护结构严密性，采用专用的穿墙密封件，将进出房间的电缆线管、水管等进行密封安装，穿墙密封件原理及实物图如图 7.2.2-6 所示。

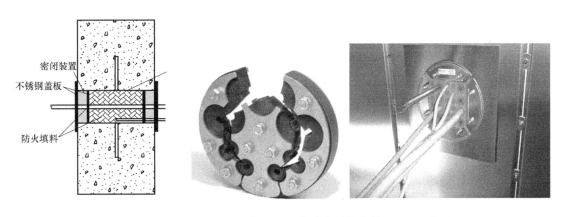

图 7.2.2-6　高级别生物安全实验室穿墙密封件安装原理及实物图

7.3　工程检测

　　生物安全实验室独特的高生物危害性、较强的专业性，要求设计、施工、建设者必须透彻了解生物安全实验室建设的目的，认识到工程检测验收的重要性，才能建造出真正意义上安全的生物安全实验室。

　　生物安全实验室要求严格，其工程质量检测复杂，检测内容不仅有常规的洁净室检测项目——风量（换气次数）、静压差、洁净度、噪声、照度、温度、相对湿度等，还有其独特的检测项目——围护结构严密性、气流流向、送/排风高效过滤器检漏、实验室工况转换及生物安全柜的性能检测等。其中，实验室工况转换检测包括不同运行工况转换时系统安全性验证、送/排风系统连锁可靠性验证、备用排风系统切换可靠性验证、压差报警系统可靠性验证、备用电源可靠性验证等；生物安全柜的性能检测包括安全柜的安装情况、工作窗口气流平均风速、垂直气流平均风速、洁净度、照度、噪声等。

通过对众多生物安全实验室工程的检测验收，发现以实验室各检测项目一次性达标难易程度可分为三类：（1）第一类为易达标项目，有风量、洁净度、噪声、照度、温度、围护结构严密性、气流流向；（2）第二类为较易达标项目，有静压差、相对湿度、生物安全柜性能；（3）第三类为难达标项目，有送/排风高效过滤器检漏、实验室工况转换。上述分类是基于众多工程检测实例基础上的，单就某一工程实例而言，或许易达标项目也较难达标。实践证明，对不达标的项目进行整改以使其达标，就难易程度而言上述分类是合乎实际的。

对上述分类进行分析，发现出现这种结果是很容易理解的。生物安全实验室的建设在国内是近十五年逐渐兴起的，由于建造生物安全实验室的需求逐渐增多，一些做过普通洁净室工程的公司纷纷挤入生物安全实验室的建设市场，由于对生物安全实验室不甚了解或缺乏建设高等级生物安全实验室的经验，建造出来的实验室虽然其常规洁净室检测项目均能达标，但生物安全实验室自己独特的检测项目一般较难达标。

7.3.1　检测时机

《生物安全实验室建筑技术规范》GB 50346—2011、《实验室生物安全通用要求》GB 19489—2008 对生物安全实验室尤其是高等级生物安全实验室的检测时间和周期进行了规定，明确指出生物安全实验室有下列情况之一时，应对生物安全实验室进行综合性能全面检测：

（1）竣工后，投入使用前。

（2）停止使用半年以上重新投入使用。

（3）进行大修或更换高效过滤器后。

（4）一年一度的常规检测。

首先，生物安全实验室在投入使用之前，必须进行综合性能全面检测和评定，应由建设方组织委托，施工方配合。检测前，施工方应提供合格的竣工调试报告。在《洁净室及相关受控环境》ISO 14644 中，对于 7 级、8 级洁净室的洁净度、风量、压差的最长检测时间间隔为 12 个月，对于生物安全实验室，除日常检测外，每年至少进行一次各项综合性能的全面检测是有必要的。另外，更换了送、排风高效过滤器后，由于系统阻力的变化，会对房间风量、压差产生影响，必须重新进行调整，经检测确认符合要求后，方可使用。

7.3.2　检测准备

有生物安全柜、隔离设备等的实验室，首先应进行生物安全柜、动物隔离设备等的现场检测，确认其性能符合要求后方可进行实验室性能的检测。这是由于生物安全柜、动物隔离设备、IVC、解剖台等设备是保证生物安全的一级屏障，因此十分关键，其安全作用高于生物安全实验室建筑的二级屏障，应首先检测，严格对待。另外，其运行状态也会影响实验室通风系统，因此应首先确认其运行状态符合要求后，再进行实验室系统的检测。

检测前应对全部送、排风管道的严密性进行确认。对于 b2 类的三级生物安全实验室和四级生物安全实验室的通风空调系统，应根据对不同管段和设备的要求，按现行国家标准《洁净室施工及验收规范》GB 50591 的方法和规定进行严密性试验。

施工单位在管道安装前应对全部送、排风管道的严密性进行检测确认，并要求有监理单位或建设单位签署的管道严密性自检报告，尤其是三级和四级生物安全实验室的送、排风系统密闭阀与生物安全实验室防护区相通的送、排风管道的严密性。生物安全实验室排风管道如果密闭不严，会增加污染因子泄漏风险。此外，由于实验室要进行密闭消毒等操作，因此要保证整个系统的严密性。管道严密性的验证属于施工过程中的一道程序，应在管道安装前进行。对于安装好的管道，其严密性检测有一定难度。

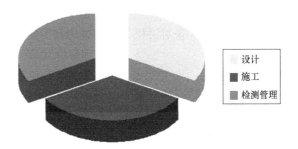

图 7.3.2 工程检测的重要性

实验室工程检测前，应首先进行工程调试，工程调试检测及使用维护的比重可占整个生物安全实验室建设的 1/3，如图 7.3.2 所示。

7.3.2.1 风量调试

在生物安全实验室工程调试中，风量调试是关注的重点之一。好的风量调试能满足房间参数要求，保证通风空调系统节能运行。

1. 前提

生物安全实验室工程竣工（围护结构、空调系统、自控等），单机试运行正常（组合式空调机组、冷水机组等）。

2. 依据

设计图、《通风与空调工程施工质量验收规范》GB 50243—2016 等。

3. 准备

风量调试前，需要准备详细的各房间风量平衡表、标有风口风阀位置的设计图纸、对讲机、标定过的风量测试设备、系统主要干管合适位置安装风量测试孔等。

4. 方法

采用风量等比分配法，即确定系统最不利管路，从该处支管开始调整。分别测量最不利支管和相邻支管的风量，用调节阀进行调节，使两条支管的实测风量比值与设计风量比值近似相等（不是设计风量），同样调节各支管风量比值，使之达到设计要求。最后将风机出口总干管的总风量调整到设计风量，其他各支干管、支管的风量就会按各自的设计风量比值进行等比分配，接近设计值。

5. 风量不足常见原因

（1）设计问题，如管路不合理、风机偏小等，可以局部改造风管或更换风机；

（2）房间送风口数量不足，可以适当增加送风口；

（3）风管上阀门性能问题；

（4）管道、机组漏风；

（5）机房机组布置不合理。

7.3.2.2 压差调试

1. 前提

风量调试完毕，均略大于设计风量。送回风管均有调节手段和余地。足够的压差计设置。粗调回风排风新风符合设计要求。

2. 准备

熟悉系统，准备对讲机，标明各房间绝对压差和相对压差的图纸，熟悉送回风管上风阀的位置。

3. 方法

简单的系统粗调新风量，确定整体压差，再从外向里进行精调。复杂系统：首先确定基准压差。

4. 注意问题

（1）相邻房间压差至少有个调节手段，从调节回风开始。

（2）注意门缝。

（3）通过在回风口内设置滤布的方法，可减少回风量，相对于关小阀门，不易产生噪声。

（4）注意相邻房间压差变化对本房间压差的影响。

（5）测试时，首先确定所有房门已关闭。分清房间的正负压，先测流向，再测大小。注意压差计的设置是否正确。

7.3.3 室内环境参数检测

7.3.3.1 简介

生物安全实验室工程静态检测涉及的室内环境参数检测项目如表7.3.3.1所示。

生物安全实验室涉及的室内环境参数检测项目 表 7.3.3.1

项目	工况
送风量(换气次数)	所有房门关闭，送、排风系统正常运行
静压差	所有房门关闭，送、排风系统正常运行
气流流向	所有房门关闭，送、排风系统正常运行
含尘浓度(洁净度级别)	所有房门关闭，送、排风系统正常运行
温度、相对湿度	所有房门关闭，送、排风系统正常运行
噪声	所有房门关闭，送、排风系统正常运行
照度	无自然光条件下

7.3.3.2 标准要求

《生物安全实验室建筑技术规范》GB 50346—2011 给出了生物安全主实验室二级屏障的主要技术指标，如表 7.3.3.2-1 所示，三级和四级生物安全实验室其他房间的主要技术指标如表 7.3.3.2-2 所示。当房间处于值班运行时，在各房间压差保持不变的前提下，值班换气次数可低于表中规定的数值。《实验室生物安全通用要求》GB 19489—2008 第 7.3.10.3 条规定"实验室防护区各房间的最小换气次数应不小于 12 次/h"，适用于三级、四级生物安全实验室。

生物安全主实验室二级屏障的主要技术指标　　　　　　表 7.3.3.2-1

级别	相对于大气的最小负压	与室外方向上相邻相通房间的最小负压差（Pa）	洁净度级别	最小换气次数（h^{-1}）	温度（℃）	相对湿度（%）	噪声[dB(A)]	平均照度（Lx）	围护结构严密性（包括主实验室及相邻缓冲间）
BSL-1/ABSL-1	—	—	—	可开窗	18～28	≤70	≤60	200	—
BSL-2/ABSL-2 中的 a 类和 b1 类	—	—	—	可开窗	18～27	30～70	≤60	300	—
ABSL-2 中的 b2 类	−30	−10	8	12	18～27	30～70	≤60	300	—
BSL-3 中的 a 类	−30	−10	7 或 8	15 或 12	18～25	30～70	≤60	300	所有缝隙应无可见泄漏
BSL-3 中的 b1 类	−40	−15							
ABSL-3 中的 a 和 b1 类	−60	−15							
ABSL-3 中的 b2 类	−80	−25							房间相对负压值维持在−250Pa 时，房间内每小时泄漏的空气量不应超过受测房间净容积的 10%
BSL-4	−60	−25							房间相对负压值达到−500Pa，经 20min 自然衰减后，其相对负压值不应高于−250Pa
ABSL-4	−100	−25							

注：1. 三级和四级动物生物安全实验室的解剖间应比主实验室低 10Pa。

2. 本表中的噪声不包括生物安全柜、动物隔离设备等的噪声，当包括生物安全柜、动物隔离设备的噪声时，最大不应超过 68dB（A）。

3. 动物生物安全实验室内的参数尚应符合现行国家标准《实验动物设施建筑技术规范》GB 50447 的有关规定。

三级和四级生物安全实验室其他房间的主要技术指标　　表 7.3.3.2-2

房间名称	洁净度级别	最小换气次数（次/h）	与室外方向上相邻相通房间的最小负压差（Pa）	温度（℃）	相对湿度（%）	噪声［dB(A)］	平均照度（Lx）
主实验室的缓冲间	7 或 8	15 或 12	−10	18～27	30～70	≤60	200
隔离走廊	7 或 8	15 或 12	−10	18～27	30～70	≤60	200
准备间	7 或 8	15 或 12	−10	18～27	30～70	≤60	200
防护服更换间	8	10	−10	18～26	—	≤60	200
防护区内的淋浴间	—	10	−10	18～26	—	≤60	150
非防护区内的淋浴间	—	—	—	18～26	—	≤60	75
化学淋浴间	—	4	−10	18～28	—	≤60	150
ABSL-4 的动物尸体处理设备间和防护区污水处理设备间	—	4	−10	18～28	—	—	200
清洁衣物更换间	—	—	—	18～26	—	≤60	150

注：当在准备间安装生物安全柜时，最大噪声不应超过 68dB（A）。

7.3.4　工况可靠性验证

7.3.4.1　简介

《生物安全实验室建筑技术规范》GB 50346— 2011 第 10.1.12 条规定："生物安全实验室应进行工况验证检测，有多个运行工况时，应分别对每个工况进行工程检测，并应验证工况转换时系统的安全性，除此之外还包括系统启停、备用机组切换、备用电源切换以及电气、自控和故障报警系统的可靠性验证"。GB 50346—2011、GB 19489—2008 中有关生物安全实验室工况可靠性验证项目汇总如表 7.3.4.1 所示。

生物安全实验室工程静态检测涉及的工况可靠性验证项目　　表 7.3.4.1

序号	可靠性验证项目
1	工况转换
2	系统启停连锁
3	备用排风机切换
4	备用送风机切换
5	备用电源切换
6	自控报警系统的可靠性

生物安全实验室一个重要的安全保障前提是：生物安全实验室送排风系统正常运行条件下，发生各类外扰（详见参考文献《高等级生物安全实验室压力波动原因及控制策略》）

时，防护区（尤其是核心工作间）不会出现绝对正压。在工况可靠性验证阶段应人为模拟各类故障，对实验室是否出现绝对正压进行测试验证。

7.3.4.2　常见问题

1. 相对压差逆转问题

在进行工况转换时，不能只关注核心工作间绝对压差的变化，应同时关注核心工作间与其相邻相通缓冲间的相对压差变化。笔者在实际工程检测验收中发现一些实验室工况转换过程中核心工作间对室外大气的绝对压差是负值，但对其缓冲间的相对压差为正值，不符合实验室规范有关压力梯度和气流方向的要求。

由于《实验室　生物安全通用要求》GB 19489—2008 第 6.3.8.11 条规定"中央控制系统的信号采集间隔时间应不超过 1min，各参数应易于区分和识别"，《GB 19489—2008〈实验室生物安全通用要求〉理解与实施》指出其本意是"本标准规定中央控制系统的信号采集间隔时间应不超过 1min，这有利于尽早发现实验室运行中的各种异常或事故，有利于做出趋势分析和降低潜在的风险"。但由于工况转换时很多情况下核心工作间与其相邻相通缓冲间的相对压差逆转是短时间发生的（如 5～30s），这种情况下如果中央控制系统的信号采集间隔时间为 30～59s 时，自控系统的历史数据表或软件操作界面上不一定能显示出相对压差逆转的情况，这是一个风险，该风险是否可以接受，需要进行风险评估，必要时为降低风险需要给出相应的风险控制措施。

对于核心工作间与其相邻相通缓冲间（或其他房间）短时间的相对压差逆转风险是否可以接受的问题，不同专家见仁见智，目前仍存在一些分歧。目前实验室评审初步达成的共识是"当相对压差逆转情况发生时间小于 1min 时，认为风险可控"，当然有关 1min 时间的命题也是有争议的（比如 61s 就不能接受吗?）。

对此问题，笔者认为：

（1）四级生物安全实验室（穿戴正压防护服），由于核心工作间相邻相通的房间是化学淋浴间，该房间人员进出都是要对其空间进行消毒灭菌的，病原微生物通过短时间的相对压差逆转而引起泄漏的风险相对较小，可以接受。

（2）BSL-3 或小动物 ABSL-3 实验室，由于存在一级屏障，涉及微生物的操作基本在一级屏障中进行，病原微生物通过短时间的相对压差逆转而引起泄漏的风险相对较小，可以接受。

（3）大动物 ABSL-3 实验室缺少一级屏障，房间充满病原微生物气溶胶，在发生核心工作间与相邻相通缓冲间相对压差逆转时，存在病原微生物外泄至缓冲间的风险，但在日常运行过程中，开关核心工作间与缓冲间之间的门时，也存在核心工作间内的微生物气溶胶外泄至缓冲间的风险，这两者的风险并没有太大差异，也可以认为风险可以接受。但要注意的是这两种情况下，操作人员应在缓冲间停留一段时间，缓冲间的送排风系统会迅速自净该房间（自净时间与换气次数有关），可以看出此时缓冲间换气次数越大越好，可以减少自净时间，中国建筑科学研究院许钟麟研究员在其著作《隔离病房设计原理》中指出，缓冲间换气次数 $60h^{-1}$ 为宜，即 1min 就自净房间空气一次。

2. 压力传感器定期校核问题

这里需要特别注意的是，生物安全实验室各功能房间的压力传感器、送排风系统中的各类压力传感器为自控系统的"眼睛",实验室应定期(如每年)对这些"眼睛"进行校准标定,由于数量众多、安装位置分布广,可由维保公司或第三方检测单位完成,但应有相应记录或报告等文件,以证实"眼睛"得到了很好的维护保养。否则自控系统以不好的"眼睛"为依据来执行风量或压差控制,结果可能是南辕北辙;另外自控系统显示的房间压力不一定准确、可信,有时甚至会出现房间已经为绝对正压,但自控系统仍显示为负压的情况。

7.3.5 关键防护设备性能检测

这里所述的生物安全实验室关键防护设备,是指我国认证认可行业标准《实验室设备生物安全性能评价技术规范》RB/T 199—2015 给出的 12 种设备,分别为生物安全柜、动物隔离设备、独立通风笼具(IVC)、压力蒸汽灭菌器、气(汽)体消毒设备、气密门、排风高效过滤装置、正压防护服、生命支持系统、化学淋浴消毒装置、污水消毒设备、动物残体处理系统(包括碱水解处理和炼制处理)。实验室设备的生物安全性能是实验室生物安全防护水平评价的重要组成部分,对设备的生物安全性能评价可以控制生物安全实验室设备的生物安全风险,保障生物安全实验室的生物安全防护能力,防止生物安全实验室发生人员感染或病原微生物泄露。

生物安全实验室关键防护设备的主要性能参数汇总如表 7.3.5 所示。

关键防护设备主要性能参数　　　　　　　　　　表 7.3.5

序号	关键设备	子项序号	主要性能参数	二级	三级	四级
				适用的实验室类型		
1	生物安全柜	1	排风高效过滤器检漏	√	√	√
		2	送风高效过滤器检漏	√	√	√
		3	工作窗口气流流向	√	√	√
		4	工作窗口风速	√	√	√
		5	垂直气流平均风速	√	√	√
		6	工作区洁净度	√	√	√
		7	噪声	√	√	√
		8	照度	√	√	√
2	非气密式动物隔离设备	1	排风高效过滤器检漏		√	√
		2	送风高效过滤器检漏		√	√
		3	箱体内外压差		√	√
		4	工作窗口气流流向		√	√
	气密式动物隔离设备	1	排风高效过滤器检漏		√	√
		2	送风高效过滤器检漏		√	√
		3	箱体气密性		√	√
		4	箱体内外压差		√	√
		5	手套连接口风速		√	√

续表

序号	关键设备	子项序号	主要性能参数	适用的实验室类型		
				二级	三级	四级
3	独立通风笼具	1	排风高效过滤器检漏	√	√	√
		2	送风高效过滤器检漏	√	√	√
		3	笼盒气密性	√	√	√
		4	笼盒内外压差	√	√	√
		5	笼盒内气流速度	√	√	√
		6	笼盒换气次数		√	√
4	压力蒸汽灭菌器	1	消毒灭菌效果验证		√	√
		2	压力表/压力传感器		√	√
		3	温度表/温度传感器		√	√
		4	泄压管道排气高效过滤器检漏		√	√
5	气(汽)体消毒设备	1	消毒灭菌效果验证		√	√
		2	消毒剂有效成分		√	√
6	气密门	1	外观及配置			√
		2	性能检查			√
		3	气密性			√
7	排风高效过滤装置	1	气密性		√	√
		2	扫描检漏范围		√	√
		3	高效过滤器检漏		√	√
8	生命支持系统	1	UPS电源			√
		2	备用空压机切换			√
		3	紧急支援气罐可靠性			√
		4	浓度报警装置可靠性			√
		5	自动切换阀可靠性			√
9	正压防护服	1	气密性			√
		2	供气流量			√
		3	噪声			√
10	化学淋浴装置	1	气密性			√
		2	排风高效过滤器检漏			√
		3	液位报警装置			√
		4	给水排水防回流措施			√
		5	消毒灭菌效果验证			√
11	活毒废水处理系统	1	罐体泄压管道排气高效过滤器检漏			√
		2	罐体、阀门、管道等气密性			√

续表

序号	关键设备	子项序号	主要性能参数	适用的实验室类型		
				二级	三级	四级
11	活毒废水处理系统	3	压力表/压力传感器			√
		4	温度表/温度传感器			√
		5	消毒灭菌效果验证			√
12	动物残体处理系统	1	罐体泄压管道排气高效过滤器检漏			√
		2	罐体、阀门、管道等气密性			√
		3	压力表/压力传感器			√
		4	温度表/温度传感器			√
		5	消毒灭菌效果验证			√

注：1. 符合《实验室　生物安全通用要求》GB 19489—2008 中 4.4.3 类 ABSL-3 实验室参照四级生物安全实验室执行。

　　2. 加强型二级生物安全实验室参照三级生物安全实验室执行。

7.4　工程验收

根据《病原微生物实验室生物安全管理条例》（国务院 424 号令）第十九、二十、二十一条规定："新建、改建、扩建三级、四级生物安全实验室或者生产、进口移动式三级、四级生物安全实验室"应"符合国家生物安全实验室建筑技术规范"，"三级、四级实验室应当通过实验室国家认可。""三级、四级生物安全实验室从事高致病性病原微生物实验活动""工程质量经建筑主管部门依法检测验收合格"。

生物安全实验室的工程验收是实验室启用验收的基础，根据国家相关规定，生物安全实验室须由建筑主管部门进行工程验收合格，再进行实验室认可验收，工程验收应严格执行国家标准《生物安全实验室建筑技术规范》GB 50346—2011。

工程验收涉及的内容广泛，应包括各个专业，综合性能的检测仅是其中的一部分内容，此外还包括工程前期、施工过程中的相关文件和过程的审核验收。

在工程验收前，应首先委托有资质的工程质检部门进行工程检测，无资质认可的部门出具的报告不具备任何效力。

生物安全实验室应按国家标准《生物安全实验室建筑技术规范》GB 50346—2011 附录 C 规定的验收项目逐项验收。工程验收应出具工程验收报告，结论应由验收小组得出，验收小组的组成应包括涉及生物安全实验室建设的各个技术专业。

本章参考文献

[1]　中国建筑科学研究院. 生物安全实验室建筑技术规范. GB 50346—2011 [S]. 北京：中国建

筑工业出版社，2012.

[2]　中国合格评定国家认可中心. 实验室生物安全通用要求. GB19489-2008 [S]. 北京：中国标准出版社，2008.

[3]　中国合格评定国家认可中心. 实验室设备生物安全性能评价技术规范. RB/T 199-2015 [S]. 北京：中国标准出版社，2016.

[4]　中国建筑科学研究院. 生物安全柜. JG 170—2005 [S]. 北京：中国标准出版社，2006.

[5]　国家食品药品监督管理局. Ⅱ级生物安全柜 YY 0569—2011 [S]. 北京：中国标准出版社，2011.

[6]　中国建筑科学研究院. 洁净室施工及验收规范. GB 50591—2010 [S]. 北京：中国建筑工业出版社，2011.

[7]　曹国庆，张彦国，翟培军等. 生物安全实验室关键防护设备性能现场检测与评价 [M]. 北京：中国建筑工业出版社，2018.

[8]　曹国庆，王君玮，翟培军等. 生物安全实验室设施设备风险评估技术指南 [M]. 北京：中国建筑工业出版社，2018.

[9]　赵四清. 高等级生物安全实验室设计和建设的思考 [J]. 医疗卫生装备，2009，30（3）：40-42.

[10]　全国认证认可标准化技术委员会. GB 19489—2008《实验室生物安全通用要求》理解与实施 [M]. 北京：中国标准出版社，2010.

第8章 设计与建设案例

8.1 概述

随着我国国民经济的发展，人民对卫生与健康的要求日益增强，但随着国际交流的日益频繁，生物安全压力日益增加，但我国生物安全起步较晚，高级别生物安全实验室建设相对薄弱，为了提高我国疫病防控能力，亟待加强高级别生物安全实验室的建设。

自20世纪90年代末我国开始关注高级别生物安全实验室的建设，从照搬国外标准到2004年我国第一部生物安全规范颁布，我国生物安全实验室建设脱离混沌进入了规范发展期。2005年我国第一批高级别生物安全实验室正式批复开始建设，经历了10年的建设，2015年中法合作建设的中国科学院武汉国家生物安全实验室建成，标志着我国高级别生物安全实验室建设进入成熟期。这10年也是我国高级别生物安全实验室建设及认可标准大讨论、大发展的10年。2017年依托中国农业科学院哈尔滨研究所建设的动物防疫高级别生物安全实验室建成，标志着我国自主设计和建设的实验室日趋完善。2018年依托中国农业科学院兰州兽医研究所建设的国家口蹄疫参考实验室建成，该项目生物安全关键防护设备国产化率达到85％以上，其中56♯建筑生物安全三级实验室关键防护设备国产化率达到95％以上，该项目的建成标志着我国生物安全实验室建设进入了从设计、施工、生物安全关键防护设备制造全面进入国产化时代，基本摆脱了发达国家对我国生物安全关键防护设备的控制。我国高级别生物安全实验室建设技术全面成熟，高级别生物安全实验室建设即将迎来爆发式增长期。

在"一带一路"伟大倡议下，国内外交流（人流、物流）急剧增加，对我的疫病防控造成巨大的压力。尽管我国高级别生物安全实验室的建设取得长足进步，但与发达国家还有很大的差距。以美国为例，美国拥有生物安全四级实验室26套，生物安全三级实验室1300多套，我国目前生物安全四级实验室3套，通过认可的生物安全三级实验室46套，在建或规划中的生物安全三级实验室102套。还需要不断完善我国高级别生物安全实验室网络，一方面要加快国内生物安全实验室的建设，另一方面，我国的生物安全实验室建设技术也要走出国门，将疾（疫）病防控关口前移，将其威胁控制在关口之外或萌芽阶段。

本章介绍我国具有成功建设经验的高级别生物安全实验室建设经验，同时介绍我国第一个海外高级别生物安全实验室的建设经验。

8.2 援塞拉利昂固定三级生物安全实验室案例简介

中国建筑科学研究院周权高级工程师在其文献《援塞拉利昂生物安全实验室净化空调

系统设计》中给出了援塞拉利昂固定三级生物安全实验室实例，该工程设计荣获第六届中国建筑学会优秀暖通空调工程设计奖一等奖，收录于《暖通空调工程优秀设计图集⑥》（ISBN：978-7-112-21147-0）。

8.2.1　工程概况

塞拉利昂共和国（REpublic of SiErra LEonE）位于西非大西洋岸，北纬 7°～10°、西经 10°～13°。北部及东部与几内亚接壤，东南与利比里亚接壤。塞拉利昂为热带雨林气候，多雷暴雨，内陆年降水量在 1000mm 以上，沿海多达 3000～4000m。援塞固定生物安全实验室项目基地面积 1762.5m²，建筑面积为 383m²，其中固定生物安全实验室建筑面积 365m²，柴油发电机房建筑面积 18 m²；建筑层数为地上 1 层；建筑使用性质为科研实验楼；工程设计等级为四类；结构设计使用年限为 50 年；建筑耐火等级为一级；建筑防水等级为二级（见图 8.2.1）。

图 8.2.1　援塞固定三级生物安全实验室

8.2.2　总图布局

建设场地经过多方比选，充分考虑埃博拉病毒样本的运输、检测流程，最终选址于弗里敦市郊区中塞友好医院东侧的空地内，以方便实验样本的检测。场地尺寸为 30m×58.75m，用地中部布置固定生物安全实验室，南侧布置柴油发电机设备用房，主要入口位于场地西侧。外观效果图如图 8.2.2 所示。

8.2.3　建筑平面布置

建筑平面分为办公区、实验区、后勤保障三个区域（见图 8.2.3）。其中，办公区包

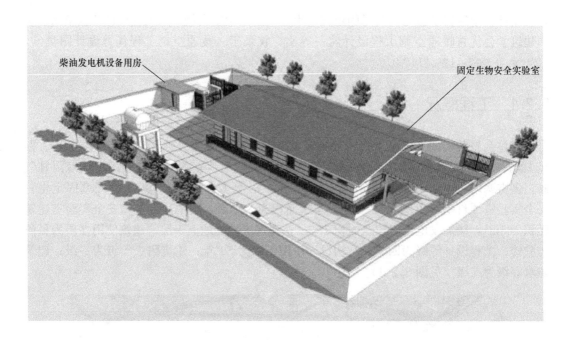

图 8.2.2　援塞固定三级生物安全实验室外观效果图

括门厅、办公室（兼消防控制室）、卫生间、库房；实验区包括实验走廊，生物安全实验室及其配套一更、淋浴间、二更、BSL-2 实验室、PCR 准备间，样品库；后勤保障区包括洗消间、空调机房、配电室；实验区上方设有设备检修夹层。

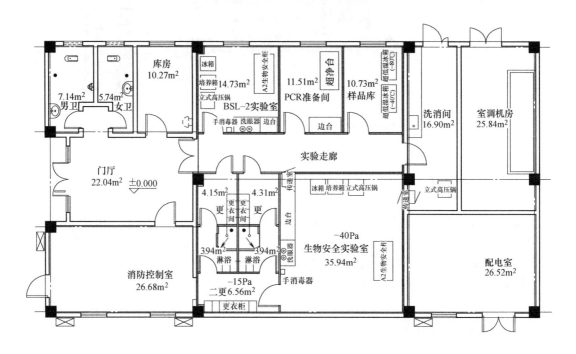

图 8.2.3　援塞固定三级生物安全实验室所在建筑平面布置

8.2.4　实验室工艺平面

该工程包括 BSL-2 实验区、BSL-3 实验室、PCR 准备间、样品库、洗消间、配电室、消防控制室、空调机房、库房等房间。BSL-2 实验室内设置有立式高压灭菌锅、培养箱、超低温冰箱、Ⅱ-A2 生物安全柜等工艺设备。BSL-3 实验区包括男、女一更，男、女淋浴，二更，BSL-3 实验室，核心实验室内包括Ⅱ-A2 生物安全柜、超低温冰箱、培养箱、立式高压锅、台式离心机等工艺设备。PCR 准备间包括超净台等工艺设备，如图 8.2.4 所示。

图 8.2.4　实验室内仪器设备

实验区房间物理环境要求为：BSL-2 实验室、PCR 准备间、样品库为舒适性物理要求的实验室；实验室核心区和缓冲间（二更）洁净度要求为 ISO 7~8 级，与大气相对压差分别为 -10Pa 和 -40Pa，换气次数为 15~25h^{-1}；合理组织实验人员流线、送检样品流线、实验物资流线、实验废弃物流线等各种流线。

8.2.5　装饰装修

建筑外立面设计简洁，墙面为浅米色涂料，室外勒脚为蓝色涂料；窗套为白色涂料，白色门窗框；屋顶为深蓝色彩钢板瓦屋面，色调与中塞友好医院保持一致，如图 8.2.5-1 所示。

图 8.2.5-1　实验室外装修实物图

该工程除实验区采用 50mm 厚铝蜂窝玻镁彩钢板墙体（见图 8.2.5-2）之外，所有外墙及内墙均采用 200 厚水泥空心砖砌块墙，砌块规格为 $W190 \times L390 \times H190$。实验室为全坡屋面设计，采用无组织排水。

图 8.2.5-2　实验室内装修实物图

8.2.6　通风空调净化

8.2.6.1　空调冷热源及设备选择

该项目采用空气源冷水机组供冷，机组自带水力模块，空调机房内设置矩形水箱，提供系统补水。空气源冷水机组安装在空调机房侧墙外，机组选用低噪声多机头节能型，为便于维修制冷剂采用 R22，机组可以实现逐机头启动模式，该机组为集成循环系统及定压装置的一体机，要求定压装置采用气压罐式。空调机组冷凝水经管道穿空调机房外墙排至室外明沟。

根据当地实际情况及甲方意见，除净化区及辅助机房外，房间选用分体壁挂式或分体立柜式空调机组夏季舒适性供冷。配电室采用吊顶式恒温恒湿空调机组。

8.2.6.2　空调系统划分及组成

（1）BSL-3 设置全新风净化空调系统、新风机组 JK-1，排风机组 P1-a/b。

（2）送、排风机风机均为一用一备。

（3）空气净化处理：生物净化空调系统送风采用四级过滤，即粗效、中效、中高效过滤器设在空调机组内，高效过滤器设置于所服务房间内或就近设置。

（4）空调机组内要求配置除菌装置，而且机组配置满足 GB/T 19569—2004，保证送风不滋生细菌。

（5）空调水系统：采用两管制，仅设置表冷盘管。

（6）房间排风：排风为一级高效过滤（带扫描检漏），过滤级别为 H13。

（7）为保护排风系统不被逆向污染，排风机组出风段配止回阀。

（8）空调风系统配置旁通熏蒸管路，旁通熏蒸运行方式参见系统原理图 8.2.6.2-1。

（9）屋面的排风管均安装锥形风帽，风帽要求设防虫网。

（10）所有新风口均配置新风静压箱，保证进风气流均匀稳定，进风口配防雨百叶风口，进风风速小于 4.5m/s，如图 8.2.6.2-2 所示。

（11）影响实验室环境噪声的送排风管道均配置不锈钢微穿孔消声器。

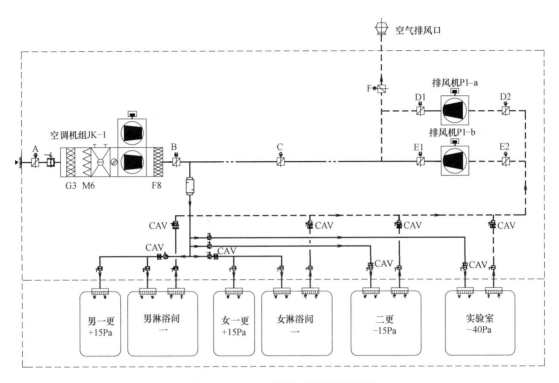

图 8.2.6.2-1　通风空调系统原理图

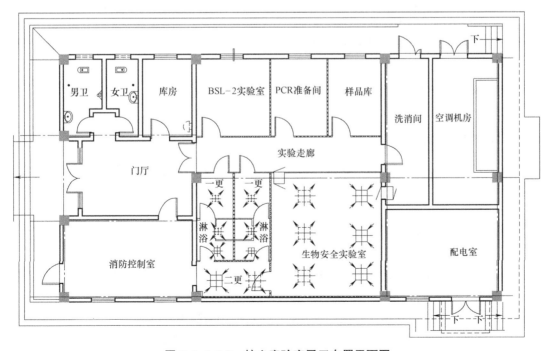

图 8.2.6.2-2　核心实验室风口布置平面图

（12）空调机组的送排风机均为变频风机，变频器由空调设备供应商一并集成。

（13）风系统耐压值为 2500Pa。

8.2.7 给水排水

8.2.7.1 给水

水源：该工程生活用水靠院内高位水箱接管供水提供（水质满足当地生活饮用水卫生标准），用城市取水车取水以满足本工程生活用水。

供水设计：实验室贴一层梁底设配水管，采用上行下给，根据当地实际情况在供水干管设置管道增压泵。

热水供应：设置容积式电加热器，单台功率 0~2kW，仅供实验室淋浴使用。

饮用水设计：当地习惯使用瓶装水作为饮用水源，故不另行设置开水器等设施。

8.2.7.2 排水

（1）室内生活排水系统设置：粪便污水和生活废水共管排出至室外污水检查井。经室外排水管沿坡向汇集，在基地西北方向绿化带内设置化粪池一座和地埋式污水处理设备一套，该工程附近没有完整的排水系统，生活污水经处理后，按当地的习惯做法排入渗井排走（渗井做法参照当地做法）。

（2）手洗消毒、洗眼器的排水由专用容器收集，经双扉高压锅高温灭活后排至室外排水管。

（3）含有微量酸、碱的实验室污水，先经各实验室稀释后，直接排入园区废水管网。含有浓酸或浓碱的实验室废水、含有苯酚等有机试剂、暗室显影洗液等实验室污水，分别倒入专用废液容器中，再由外协单位回收处理。

8.2.8 电气自控

8.2.8.1 基本要求

（1）生物安全净化空调系统均可手动和自动控制。应急手动优先，且具备硬件连锁功能。应急手动应由监控系统的管理员操作。

（2）全新风直流系统的送风机与排风机连锁，即排风机先于送风机开启；反之逆序。

（3）送、排风系统应有正常运转的标识或提示，如系统发生异常时，能及时处理并报警。

（4）备用机组能够自动切换，尤其必须保证排风机的切换连续。备用送风机能定时互换，以防瞬时切换抱死现象。

（5）能够对所有电动密闭阀进行控制，信号反馈到监控中心。

（6）房间内设置温度、湿度、压力传感器，信号引至监控室并有显示。

（7）根据总送、排风管道的压力控制空调送风机和排风机的频率，保证房间内的换气次数和压力梯度。正式使用前净化空调系统需进行调试及检测，保证房间压力不超过设计范围且不能有压力反置现象。

（8）对室外温度、湿度进行监测，信号引至控制室并有显示。

（9）电加热均要求设无风断电、超温断电保护装置；电加热器的金属风管要有接地措施。

（10）所有过滤器均设有超压报警装置。

（11）新风进风口及排风口均设置电动密闭阀。保证系统安全稳定。

（12）监测空调机组送、排风的空气温度、湿度及压力参数。

（13）所有生物安全空调通风控制均可以实现在监控室内的远程控制。

（14）空调机组表冷盘管为两管制，表冷盘管的电动两通阀根据房间的温度或回水温度调节控制。

（15）检测所有生物安全系统的空调送排风设备运行状态。

（16）防火阀均为电信号控制，即控制其关闭（或开启），返回电信号。

（17）当火灾发生时，防火阀报警，消防控制中心监控确认所有人员撤离后，关闭所有送排风系统及相关位置防火阀。

（18）监测空气源冷水机组的工作状态。

（19）空气源冷水机组自带控制装置，根据进回水温度控制机组制冷量，并读取进出水温度、压力信号反馈到监控室。

8.2.8.2　生物安全及针对设备的特殊要求

（1）生物安全空调通风和自动控制系统必须满足《生物安全实验室建筑技术规范》GB 50346—2011 和《实验室　生物安全通用要求》GB 19489—2008 的相关规定。

（2）70℃防火阀为非熔断防火阀，均为电信号控制，并随时监测其状态。

（3）一用一备排风机进出口电动密闭阀与风机连锁启停，并监视状态。

（4）空调机组内的过滤段（粗效、高中效）均配置压差检测报警装置。

（5）旁通熏蒸控制程序参见系统原理图相关内容，但必须保证专人在场监督操作。

（6）表冷器盘管的回水管配电动两通调节阀，根据排风温度调节流量。

8.2.8.3　温湿度控制策略

空调机组采用两管制，机组内设独立的盘管，冷源为 7℃/12℃的冷水，接自风冷冷水机组。

（1）制冷除湿模式（露点控制）：室内湿度采用串级控制模式，即以排风相对湿度传感器的实测值重置表冷器下游空气的露点温度 T_{dp} 的设定值，控制器调节冷盘管的电动两通调节阀，以实现控制 T_{dp}。

（2）根据排风温度的实测值调节空调机组内的电再热，对室内温度进行控制。

（3）电加热要求设无风断电、超温断电保护装置。

8.2.8.4　压力控制

（1）送风管道设置定风量阀，保证该区域送风量恒定不变，调试时根据房间检测风量调节送风支管上的手动调节阀。

（2）排风管道设置定风量阀，保证该区域排风量恒定不变，调试时根据检测房间压力（对大气）调节排风支管上的手动调节阀，保证房间的压力梯度。

（3）送风机设变频器，根据调试时满足设计风量进行整定。

（4）排风机设变频器，调试工况时根据排风管道压力进行风量调节。

（5）排风机根据系统排风总管上的压力传感器进行调整，以满足系统排风量要求。

（6）运行工况：系统运行工况为定送、定排系统。

（7）排风机与送风机连锁，风机均一用一备，交替运行，避免单台排风机长期运行。

（8）启停顺序：先开排风机，后开送风机；关机顺序相反。

8.2.8.5　消毒

（1）关闭系统新风电动密闭阀（A，B）及排风电动密闭阀F。

（2）将消毒区域所有外门封死，区域内所有房间门开启，在房间内用过氧化氢熏蒸消毒，开启熏蒸旁通管路上电动密闭阀（C）及排风机组，循环熏蒸所有房间及排风管道。

（3）系统消毒完成后，关闭熏蒸旁通管路电动密闭阀（C），开启新、排风电动密闭阀门（A，B，F）及排风机组，令排风机低频（调试获得）运转，形成直流系统进行置换和稀释。

（4）经过验证满足生产要求后转为运行模式。

8.2.8.6　过滤器设压差报警

粗效过滤器：当其压差 ΔP_1 大于 100Pa 时报警；

中效过滤器：当其压差 ΔP_2 大于 160Pa 时报警；

高效过滤器：当其压差 ΔP_3 大于 350Pa 时报警。

8.2.9　消防设计

固定生物安全实验室为一个独立的防火分区，面积为 365m²，柴油发电机房为一个独立的防火分区，面积为 18m²。生物安全实验室的耐火等级不低于二级，彩钢板耐火极限为不小于 1h，吊顶材料耐火极限为 1h。

灭火器的设置：按现行国家标准《建筑灭火器配置设计规范》GB 50140 的规定，选用可供 ABC 三类火灾灭火用的磷酸铵盐干粉灭火器（MF/ABC5 类）进行配置。

8.2.10　节能设计

参照夏热冬暖地区公共建筑节能设计标准，屋面和外墙面须设置保温隔热层。通过科学严谨的测算，综合考虑当地气候条件、节省土建和运输成本、节约工期等多方面原因，取消外保温材料。

8.3　国家动物疫病防控高级别生物安全实验室案例简介

8.3.1　工程概况

国家动物疫病防控高级别生物安全实验室坐落于黑龙江省哈尔滨市香坊区哈平路 678 号中国农业科学院哈尔滨兽医研究所内，本项目由中国中元国际工程有限公司设计，国家建筑工程质量监督检验中心检测验收。实验室总建筑面积约 17000m²，其中生物安全实验楼 15480m²，局部 6 层结构，地下局部 2 层，地上局部 4 层，配有 4 个配套单体，热交换站 443m²；变电所 598m²；动力站 694m²；污水处理站 1290m²，共有实验仪器设备 1200 台（套）。结构设计使用年限 100 年，抗震设防烈度 7 度；防火设计分类为多层建筑、耐火等级为一级；防水设计等级为一级。

8.3.2　总图布局

依据《实验室生物安全通用要求》GB 19489—2008，实验室应建造在独立的建筑物内或建筑物中独立的隔离区域内，经过多方比选，最终建于中国农业科学院哈尔滨兽医研究所西侧（见图 8.3.2-1 和图 8.3.2-2）。

图 8.3.2-1　国家动物疫病防控高级别生物安全实验室鸟瞰图

8.3.3　建筑平面布置

生物安全实验楼为地下 2 层，地上 4 层。地下二层为实验室污水处理设备层，地下一

图 8.3.2-2　国家动物疫病防控高级别生物安全实验室外观图

层为实验室污水管道层,地上一层东侧为办公区,中间为生物安全三级和四级实验区,西侧为实验辅助区。地上二层布置有高效过滤器单元、送排风管道、化学淋浴加药设备等,局部三层为实验室空调设备层,局部四层为生命支持系统设备层(见图 8.3.3)。

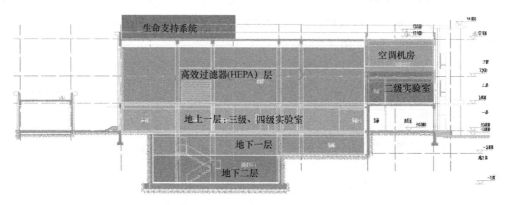

图 8.3.3　国家动物疫病防控高级别生物安全实验室结构图

8.3.4　实验室工艺平面

生物安全实验室楼主体建筑中生物安全四级实验室大约 2000m²,含动物生物安全四级实验室 4 间、生物安全四级实验室 4 间、生物安全四级菌毒种保藏室 1 间;生物安全三级实验室大约 2000m²,含动物生物安全三级实验室 4 间、生物安全三级实验室 4 间、生物安全三级解剖间 1 间;生物安全三级菌毒种保藏室 1 间;生物安全二级实验室大约 1000m²。

生物安全四级实验室防护区内核心工作间的气压(负压)与室外大气压的压差值应不小于 60Pa,与相邻区域的压差(负压)应不小于 25Pa;动物饲养间的气压(负压)与室外大气压的压差应不小于 100Pa,与相邻区域的压差(负压)应不小于 25Pa,防护区内静态洁净度不低于 8 级。以某间实验室为例,实验人员进入流线、实验室人员紧急撤离流线、实验废弃物流线、实验动物进入流线、实验物资流线如图 8.3.4 所示。

图 8.3.4　某四级生物安全实验室人员、动物、物品进出流线示例图

8.3.5　装饰装修

实验室区域地面全部采用 6mm 聚氨酯地面面层，聚氨酯地坪成型效果图见图8.3.5-1。为保证实验室房间易于清洁，所有房间四周及走廊均采用半径 $R＝30mm$ 的圆弧角聚氨酯踢脚线。聚氨酯地坪硬度高，柔韧性和耐摩擦性能高，核心区地面所有阴角均为 45°圆弧角，表面光滑不集聚灰尘、细菌，易清洗，杜绝了有害细菌病毒的隐藏。彩色聚氨酯主要应用于墙面及顶棚的喷涂。墙面及顶棚成型效果图如图 8.3.5-1 和图 8.3.5-2 所示。

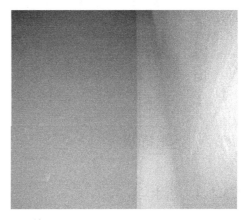

图 8.3.5-1　聚氨酯地坪成型效果图

图 8.3.5-2　墙面及顶棚成型效果图

8.3.6　通风空调

该项目采用全新风系统形式，送、排风机均为一用一备，采用变频控制。空气通过设置在送风口位置上的粗、中、亚高效三级过滤，再经过袋进袋出高效过滤装置处理后，将室外新风送入核心实验室内；实验室内排风经过高效过滤器处理后，再进入空调机组排风管道，经过亚高效空气过滤后排放。在冬季和夏季，通过冷热盘管来调节室内温度。实验室内的湿度，通过蒸汽加湿和电加热除湿的方式进行调节。送排风管段均设有热回收盘管段，用于回收热量，节约能耗，如图 8.3.6 所示。

生物安全四级实验室送风采用单级高效空气过滤器过滤，排风采用双级高效空气过滤器过滤，高效空气过滤器对 $0.3\mu m$ 以上粒径粒子的过滤效率大于 99.99%。

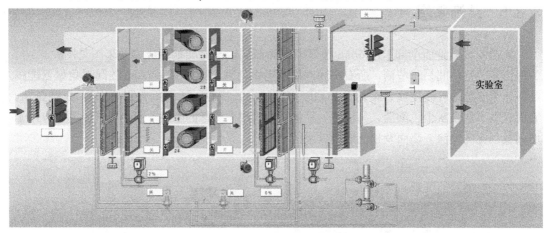

图 8.3.6　空调机组功能简图

8.3.7　给水排水

8.3.7.1　给水

生物安全实验室根据实验工艺的要求一般分为防护区和辅助工作区，进入防护区的给水管道应设置独立的给水系统。辅助工作区用水,一般包括生活用水和清洗用水,所有实验器材(如玻璃器皿等)在使用前,均需在洗消间完成清洗和灭菌。来自于防护区的需重复使用的实验器材,在离开防护区之前,必须在防护区内完成相应消毒处理,再送到洗消间进行清洗灭菌。实验室热水通过板换式换热器进行加热,24h 循环供应。

该实验室防护区给水流程图如图 8.3.7.1 所示,由室外给水经软水器处理后进断流水箱(给水管应与断流水箱非连接供水),再经紫外线消毒器消毒,由水泵变频加压供至各用水点。

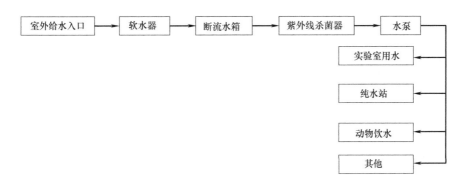

图 8.3.7.1 实验室防护区给水流程图

8.3.7.2 排水

实验室核心区内排水包括有致病菌的培养物、料液和洗涤水、实验动物的尿粪、解剖废液、化学淋浴排水等,废水经专用管道集中排入专用活毒废水处理设备进行灭菌处理,处理工艺流程如图 8.3.7.2-1 所示。

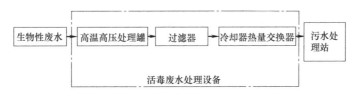

图 8.3.7.2-1 活毒废水处理工艺流程

生物性废水经专用管道集中排入活毒废水处理设备,处理罐使用最高 150℃ 的温度(可调节)在压力下加热 1h(可调节),以摧毁生物污染。在处理周期结束时,从处理罐中排出的净化污水被导流通过一个过滤器,采用过后冷却器热量交换后以不高于 60℃ 的温度流入污水排放接口,排入所区内污水处理站。活毒废水处理设备包含 3 个 3500L 的处理罐、过滤器和一个后冷却器模块,如图 8.3.7.2-2 所示。生物性废水被引导进入其中一个处理罐中,当运行中的处理罐装满后,即自动关闭并对流入的生物性废水进行处理,该处理罐处理废水时,新产生的生物性废水被导流到下一个可用的处理罐,从而实现了备用能力。

该验室生活区排水经排水管道收集排入污水处理站,污水处理站采用气浮法+A/O法+ClO₂ 消毒的处理工艺,经过处理达标后排放。具体工艺流程见图 8.3.7.2-3。实验室

图 8.3.7.2-2　活毒废水处理设备

排水管道采用明管敷设，选加厚 316L 不锈钢等耐腐蚀材料，可在焊口处进行探伤检测，使用中要谨防泄漏，避免造成污染。

图 8.3.7.2-3　污水处理工艺流程

8.3.8　电气自控

该项目空调自控系统可保证各房间之间气流方向的正确性及压差的稳定性，且具有压力梯度、温湿度、连锁控制、报警等参数的历史数据存储显示功能，自控系统控制箱设于防护区外，监控包括房间压力、送排风量、风道压力、房间温湿度、风道温湿度、过滤网压差等，并且能够在控制系统操作界面上显示。各实验室外和核心实验室内应配有用于显示房间详细信息的显示屏，以便可以在实验室内外随时看到如房间压力、送排风量、房间温湿度、门状态等信息。

8.3.8.1　压力梯度

以该项目某间生物安全四级实验室为例，生物安全四级实验室由核心实验室、化学淋浴、更防护服、淋浴间、三更组成，压力梯度从三更向核心实验室依次增高，更防护服与淋浴间相连通，三更与环廊相连通。除设立缓冲间外，主要依靠实验室压力梯度保证实验室人员以及外围环境的安全（见图 8.3.8.1）。

实验室的压力梯度控制是靠风阀调节后的送排风的余风量实现。根据现有 HVAC 设计，房间末端风量控制可采用"变送定排"方案。该模式房间送风量可变，通过房间送风主管上的变风量阀（VAV）进行控制；房间排风量恒定，房间排风主管设置定风量阀（CAV）。在核心工作间设压力传感器，根据房间压力传感器调节房间送风主管上变风量阀，通过调节房间送风量来稳定房间压力波动。

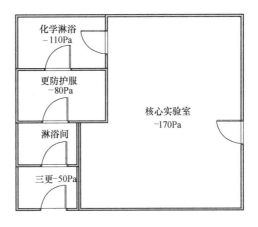

图 8.3.8.1　实验室房间压力图

8.3.8.2　温湿度控制

为了满足全年性空调系统的温度需要，该项目空调机组采用四管制。实际运行中，冬天供热水，夏天供冷水，机组设置为"单冷水模式"和"单热水模式"；"单冷水模式"在夏天应用，冷水管通冷水，热水管无热水；"单热水模式"在冬天应用，热水管通热水，冷水管无冷水。此种设置能够避免因超调引起的实验室温湿度不稳，并且可节省投资费用，减少维修量。而在春秋等，则采用"单冷水模式"和"单热水模式"同时启用或不启用，机组则按四管制运行调节。四管制原理图如图 8.3.8.2 所示。

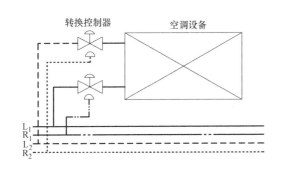

L_1、L_2—空调冷水供回水管

R_1、R_2—空调热水供回水管

图 8.3.8.2　四管制接空调机组方式

在湿度控制方面，通过送风湿度设定值与送风湿度传感器的实测值的比较，控制蒸汽加湿阀和冷水阀的开度。当送风湿度低于设定值时，冷水阀开始关闭，若冷水阀已完全关闭而送风湿度仍低于设定值，则蒸汽加湿阀开始开启，直至送风湿度满足设定值；当送风湿度高于设定值时，蒸汽加湿阀开始关闭，若蒸汽加湿阀已完全关闭而送风湿度仍高于设定值，则冷水阀开始开启，直至送风湿度满足设定值。

8.3.8.3　监控系统

该项目在生物安全楼的主入口、各实验区入口、环廊、走廊、生物安全实验室、电梯轿厢、室外等处设有摄像机进行监控及记录。生物安全实验室内及室外选用彩色球型一体化摄像机，动物实验室除室内屋顶设置一个彩色球型一体化摄像机进行总体监视外，在动物围栏处也有设置彩色固定式摄像机。视频安防监控系统应采用 UPS 集中供电方式为系统设备供电（见图 8.3.8.3）。

图 8.3.8.3　监控系统

8.3.8.4　报警系统

实验室自动控制系统可以对所有故障和控制指标进行报警。报警分为紧急报警和一般报警。紧急报警应为声光同时报警，应可以向实验室内外人员及中央控制室人员同时发出紧急报警。一般报警应为显示报警，可在中央控制室提示自控人员进行相关处理。

一级报警主要为核心实验室内压力梯度异常、空调风机故障切换、UPS 蓄电池启动报警等。二级报警主要为房间负压异常波动、实验室温湿度异常、风机启动异常、风机防冻报警等。

8.3.9　消防设计

该实验室防火设计分类为多层建筑、耐火等级为一级，实验室灭火器的设置按现行国家标准《建筑灭火器配置设计规范》GB 50140 的规定，选用可供 ABC 三类火灾灭火用的磷酸铵盐干粉灭火器（MF/ABC5 类）进行配置。

8.3.10　节能设计

8.3.10.1　乙二醇热回收

为减少能耗，在空调机组内设置热回收段即乙二醇热回收系统，可对室外新风预冷或预热。乙二醇系统冬天可以预先对新风进行升温，能够对热水盘管起到保护作用。北方四季分明，温差变化很大，设置为当室外温度低于冬季启动温度或高于夏季启动温度时，乙二醇热回收系统启动。此时，乙二醇泵启动，新风乙二醇水阀打开。乙二醇热回收系统原理图如图 8.3.10.1 所示。

8.3.10.2　外墙保温

该实验室地下外墙立面采用 60 厚挤塑聚苯板保温层，外墙外保温及地面保温采用 80

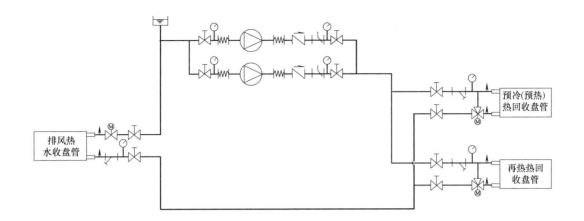

图 8.3.10.1 乙二醇系统热回收原理图

厚挤塑聚苯板保温层，屋面采用 100mm 厚无机保温砂浆。

8.3.11 抗震设计

该实验室基础采用平板筏基、条形基础。地下一层为钢筋混凝土外墙。混凝土强度垫层为 C15，地下室底板、外墙为 C35S8。一层实验室核心区域的围护结构形式为钢筋混凝土框架结构，外墙及内隔墙采用 200mm 厚 A3.5 蒸压加气混凝土砌块。为满足实验室的抗震要求，在钢筋混凝土墙体与混凝土框架结构之间设计了宽 50mm 的变形缝，变形缝表面用 300mm 宽不锈钢板与预埋钢件通过氩弧焊接进行了密闭处理，预埋钢件间用宽 50mm 的酚醛板进行填充，变形缝施工示意图及变形缝处模板示意图如图 8.3.11-1 和图 8.3.11-2 所示。

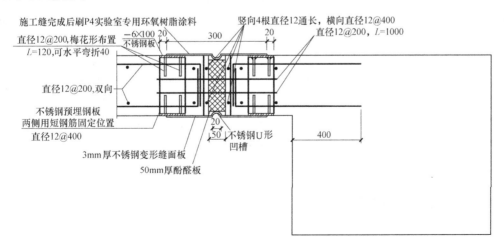

图 8.3.11-1 变形缝施工示意图

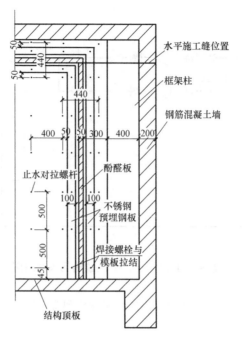

图 8.3.11-2 变形缝处模板示意图

8.4 兰州兽医研究所高级别生物安全实验室案例简介

8.4.1 工程概况

中国农业科学院兰州兽医研究所高级别生物安全实验室建筑面积约为 $15700m^2$ ，其中生物安全二级实验室面积约 $800m^2$ 、生物安全三级实验室面积约 $2100m^2$ ，建筑层数为 4 层，工程设计等级为一类，建筑耐火等级为一级，建筑抗震设防烈度 8 度。

本项目由中国中元国际工程有限公司设计，国家建筑工程质量监督检验中心检测验收。实验室采用了模块化结构，考虑到猪、牛、羊等大动物开展实验活动的特殊性，动物生物安全实验室与生物安全实验室分为两个独立的建筑单体，小动物生物安全实验室与大动物生物安全实验室又分别设为两个独立的单元，保障了大动物实验和小动物实验活动不产生互相干扰，为了有效利用实验室，避免能源浪费，生物安全实验室又分为三个独立的单元。实验室实景图如图 8.4.1 所示。

8.4.2 建筑结构布局

8.4.2.1 生物安全实验楼

生物安全实验楼单体建筑为 4 层、局部下沉的结构，每层的布局和功能简介如下：

图 8.4.1　兰州兽医研究所高级别生物安全实验室实景图

（1）首层为下技术夹层，主要敷设排水管道及活毒废水处理间、水箱间的通风系统，局部下沉区域主要是废弃物处理间（设置了活毒废水处理装置）及其更衣间和缓冲间以及物流缓冲间。

（2）二层为工作层，包括二级、三级生物安全实验室及辅助用房。

（3）三层是上技术夹层，主要为通风管道层，安装有排风高效过滤单元（BIBO）。

（4）四层是空调机房层，主要安装了全新风送风机组、排风机组及相关 UPS。

（5）屋面安装了冷水机组、冷却水塔及通风排风管道。

中国农业科学院兰州兽医研究所生物安全实验楼建筑结构布局如图 8.4.2.1 所示。

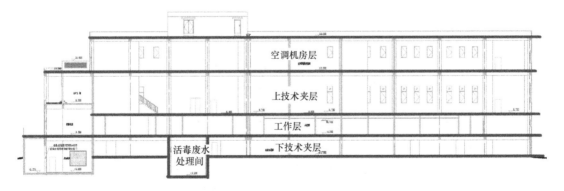

图 8.4.2.1　生物安全实验楼建筑结构布局

8.4.2.2　动物生物安全实验楼

动物生物安全实验楼建筑为地上 3 层，地下 1 层，局部下沉的结构，每层的布局和功能简介如下：

（1）地下一层为下技术夹层，主要敷设排水管道及活毒废水处理间的通风系统，局部下沉区域主要是废弃物处理间（包括动物残体处理和活毒废水处理）及辅助用房。

（2）首层为工作层，包括小动物三级生物安全实验室及其辅助区、大动物三级生物安全实验室及其辅助区。

（3）二层是上技术夹层，主要为通风管道层，安装有排风高效过滤单元（BIBO）。

（4）三层是空调机房，主要安装了全新风送风机组、排风机组及相关 UPS。

（5）屋面安装了冷水机组和冷却水塔以及通风排风管道。

中国农业科学院兰州兽医研究所动物生物安全实验楼建筑结构布局如图 8.4.2.2 所示。

图 8.4.2.2　动物生物安全实验楼建筑结构布局

8.4.3　实验室工艺平面

8.4.3.1　生物安全实验楼

生物安全实验楼内的三级生物安全实验室共分成 3 个区，简介如下：

（1）常规三级生物安全实验室区，自成一区，包括男、女一更，男、女淋浴，男、女二更，环形防护走廊，环形防护走廊连接 7 套生物安全实验室、1 套菌毒种库、1 个熏蒸气闸室（兼逃生通道）、1 间灭菌传递间和 1 个独立的逃生通道。7 套生物安全实验室和 1 套菌毒种库均设有独立的三更、淋浴、四更、核心工作间。核心工作间内均设置有传递窗、A2 型生物安全柜等。灭菌传递间与洗涤消毒间之间设置传递窗、双扉高压灭菌锅。

（2）按四级生物安全实验室工艺平面预留空间，建设的三级生物安全实验室，自成一区，共有两个区。每个区包括一更、二更、环形防护走廊、三更、淋浴、四更、缓冲间和核心工作间，核心工作间与环形防护走廊之间设有双扉高压灭菌锅、传递窗、渡槽，核心工作间内设置有 B2 型生物安全柜。图 8.4.3.1 给出了该类实验室一个区的工艺平面示例图。

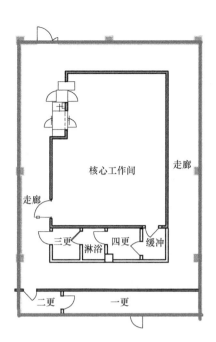

图 8.4.3.1　按四级生物安全实验室工艺平面预留空间建设的三级实验室工艺平面图

8.4.3.2　动物生物安全实验楼

　　动物生物安全实验楼内的三级生物安全实验室共分成两个区，一个为小动物实验区，另一个为大动物实验区，简介如下：

　　（1）小动物三级生物安全实验室区域。包括男、女一更，男、女淋浴，男、女二更，C 形防护走廊，C 形防护走廊连接 3 套小动物生物安全实验室、1 个熏蒸气闸室（兼逃生通道）和 1 间灭菌传递间。3 套小动物生物安全实验室均设有缓冲间（兼更衣）、核心工作间，核心工作间与防护走廊之间均设置有传递窗，核心工作内设置有 A2 型生物安全柜，根据需求不同，另外设置了小鼠隔离器、豚鼠隔离器、禽隔离器等。图 8.4.3.2 给出了小动物三级生物安全实验室工艺平面示意图。

　　（2）大动物三级生物安全实验室区域。包括男、女一更，男、女淋浴，男、女二更，环形防护走廊，环形防护走廊连接有 5 套生物安全实验室、1 个熏蒸气闸室（兼动物入口）、1 间灭菌传递间。5 套生物安全实验室包含 4 套大动物饲养室和 1 套解剖间，均设有独立的三更、淋浴、四更、核心工作间。大动物三级生物安全实验室设置了大动物饲养围栏、传递窗。解剖间内设置动物残体处理设备、双扉高压灭菌锅、传递窗、渡槽、冷库、大动物绑定设备、动物吊装设备。灭菌传递间设置传递窗、双扉高压灭菌锅。

8.4.3.3　污染废弃物处理间工艺平面

　　生物安全实验楼和动物生物安全实验楼分别设置了污染废弃物处理间，废弃物处理间按照三级实验室防护进行设计，生物安全实验楼的废弃物处理间包括一更、二更、设备室及物流通道。动物生物安全实验楼的废弃物处理间包括一更、淋浴、二更、设备室及物流通道。图 8.4.3.3-1、图 8.4.3.3-2 分别给出了动物生物安全实验楼动物残体处理间、生

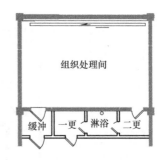

图 8.4.3.3-1　大动物三级生物安全实验室组织处理间工艺平面示意图

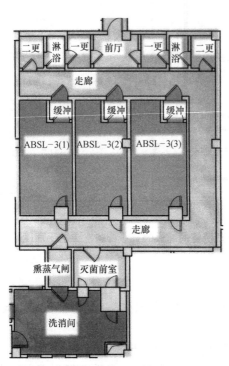

图 8.4.3.2　小动物三级生物安全实验室工艺平面示意图

图 8.4.3.3-2　生物安全实验楼活毒废水处理间工艺平面示意图

物安全实验楼活毒废水处理间工艺平面示意图。

8.4.4　建筑结构与装饰装修

本项目采用钢筋混凝土框架剪力墙结构，其中生物安全实验室防护区顶部采用了大板结构，实验室内部无梁无柱，保证了实验室空间的充分利用。

因结构采用了钢性很强的设计，防护区内部装饰也采用了相应的设计，结合玻璃钢和防腐处理施工工艺，很好地解决了墙体开裂和抗消毒及腐蚀的问题。实验室内部配色摒弃了以往生物安全实验室对比很强烈的红色、橙色、黄色等色调，地面选用了蓝色，墙面和顶面选用了乳白色，冷色的蓝色和暖色的乳白色搭配，让进入实验室的人员感到安静、舒适，无压迫感。生物安全实验室内部装饰后的实例图如图 8.4.4 所示。

8.4.5　通风空调净化

（1）三级生物安全实验室每套通风系统相互独立，均配备了独立的全新风净化空调系

图 8.4.4　生物安全实验室内部装饰实例图

统送风和排风，环廊单独设立全新风净化空调系统送风和排风。空调机组及屋顶排风风帽实物图如图 8.4.5 所示。

(a)　　　　　　　　　　　　　　　(b)

图 8.4.5　空调机组及屋顶排风风帽实物图

(a) 空调机组；(b) 风帽

（2）三级生物安全实验室送风系统采用全新风净化空调机组（送风机一用一备的），在送风末端设置可原位消毒、检漏的排风高效过滤单元 BIBO（内置一级 HEPA 过滤器）；排风系统采用一用一备的排风机组（含活性炭过滤器），在靠近房间排风口处设置可原位消毒、检漏的排风高效过滤单元 BIBO（内置一级 HEPA 过滤器）。

（3）小动物生物安全实验室送风系统采用全新风净化空调机组（送风机一用一备的），在送风末端设置可原位消毒、检漏的排风高效过滤单元 BIBO（内置一级 HEPA 过滤器）；排风系统采用一用一备的排风机组（含活性炭过滤器），在靠近房间排风口处设置可原位消毒、检漏的排风高效过滤单元 BIBO（内置一级 HEPA 过滤器）。

（4）大动物三级生物安全实验室送风系统采用全新风净化空调机组（送风机一用一备的），在送风末端设置可原位消毒、检漏的排风高效过滤单元 BIBO（内置一级 HEPA 过滤器）；排风系统采用一用一备的排风机组（含活性炭过滤器），在靠近房间排风口处设置可原位消毒、检漏的排风高效过滤单元 BIBO（内置两级 HEPA 过滤器）。

8.4.6 给水排水

8.4.6.1 给水

本工程用水由市政供至生物安全实验楼和动物生物安全实验楼的断流水箱（见图 8.4.6.1-1），由断流水箱再输送至用水点，在进入实验室之前设置了断流阀，放置实验室管道内的水回流，供水管道全部采用 304L 不锈钢管道。

图 8.4.6.1-1 断流水箱

生物安全实验室淋浴热水由换热站统一供给，在淋浴间调节水温。动物生物安全实验楼采用即热式热水器在淋浴间加热并调节温度。淋浴间采用蓬头水流确定强制淋浴时间。实验室内部水池采用肘动龙头。小动物饲喂用水在二级实验室灭菌后通过传递窗传入实验室。大动物饲喂水由管道通入实验室，采用紫外线水杀菌器进行灭菌（见图 8.4.6.1-2）。

图 8.4.6.1-2 纯水系统

8.4.6.2 排水

（1）实验室排水采用 316L 不锈钢内抛光管（$R_a \leq 0.4 \mu m$）满焊，管路仅在实验室和废弃物处理间设置阀门和进水及排水口，非控制区不设置阀门。活毒废水处理设备和组织处理设备如图 8.4.6.2 所示。

（2）洗手池的排水采用 316L 不锈钢管，室内加装脚踏阀，脚踏阀组常关，需要下水时踩踏开启，松开即可自行关闭。脚踏阀与废弃物处理间的阀门联动。

（3）淋浴排水设置有回水湾，回水湾有效深度大于 10cm，在废弃物处理间设置有电动阀门，电动阀处于常闭状态，与淋浴水流开关联动，水流开关工作时，位于废弃物处置间的电动阀将会打开，水流开关关闭，废弃物处置间的电动阀也随之关闭。

（4）实验室实验废弃液体分类收集至容器中，高温高压消毒后统一收集至危废暂存间，收集到一定量后有甘肃省危险废弃物中心统一运出处理。

(*a*)   (*b*)

图 8.4.6.2 活毒废水处理设备和组织处理设备实物图
(*a*) 活毒废水设备；(*b*) 组织处理设备

8.4.7 电气

8.4.7.1 负荷等级

一级负荷包括：生物安全实验楼内生物安全三级实验室、加强型生物安全三级实验室实验区所有负荷，动物生物安全实验楼内小动物生物安全三级实验室、大动物生物安全三级实验室实验区所有负荷，火灾报警联动控制设备、保安监控系统、应急照明、疏散照明及重要的计算机系统、热力站、空气站、活动废水处理设备、空调送风及排风机、水泵房、电梯、冷源系统（包括冷水机组、水泵、冷却塔）。

一级负荷中特别重要负荷包括：生物安全柜、隔离器排风、离心机、空调送风机及排风机、生物安全实验室所有照明、高效过滤单元、火灾报警及联动控制设备、生物安全实验室自控系统、气密门控制及重要的计算机系统、应急照明。

一级负荷中特别重要负荷采用双电源末端互投 UPS 供电，UPS 正常工作时间不小于 30 分钟。

8.4.7.2 低压配电与控制

（1）低压配电系统采用放射式与树干式相结合的配电方式，对于单台容量较大的负荷和重要负荷采用放射式配电；对于照明及一般负荷采用树干式配电方式；实验室内重要空调设备、火灾报警及联动控制设备、监控系统、应急照明、疏散照明及重要的计算机系统等重要负荷采用双电源切换配电方式。配电柜实物图如图 8.4.7.2 所示。

（2）UPS 配电柜采用两电源进线，其中一路引自柴油发电机组应急段，UPS 配出柜采用放射式单回路引至各 UPS 电源配电箱。

（3）净化空调机组、风冷热泵、空调机组、送风机等纳入 BAS 系统控制。仅在消防时使用的电气设备，由消防信号联动控制；仅在平时使用的公用动力设备，由楼宇控制系统控制；在平时和消防均使用的，由消防信号和楼宇控制信号控制，并且消防控制优于楼宇控制；设置就地控制，就地控制装置在设备检修时，具有防止远方误操作的功能。

（4）生物安全实验室区域设专用配电箱，所有配电箱应设置于相对防护区外。

（5）各实验室中电气设备的配电除用电量大和有特殊要求者外，采用插座槽配电（采用密闭型）；插座联接的通用电气设备的配电线路，采用带漏电保护的断路器；生物安全实验室内所有插座设漏电蜂鸣报警，当线路发生漏电时只作用于声光报警，不切断电源。

（6）为了便于人员操作，所有插座均在距地面 1.4m 的位置（大动物生物安全实验室的插座在距地面 1.5m 的位置）。

(a)　　　　　　　　　　　　　　　　　　(b)

图 8.4.7.2　低压配电柜及 UPS 电池组实物图
(a) 配电柜；(b) UPS 电池组

8.4.7.3　自控

本项目控制系统采用楼宇自控系统（BAS），主要由中央操作站、直接数字控制器（DDC）、现场传感器及执行器等三大部分组成。对空调机组、变配电站、关键防护设备、各种风机、水泵等的运行状态进行实时自动监测和控制。该系统为集散控制系统，系统网络为总线式拓扑结构。中央控制室内设置声光报警装置，在紧急报警信号发生时启动该装置，提醒工作人员及时进行处置，中控室示例如图 8.4.7.3-1 所示。

图 8.4.7.3-1 中控室实物图

现场的报警分为不同级别的声光报警和显示报警。主要监测内容如下：

1. 通风系统控制

（1）全新风系统的送风机与排风机联锁，即排风机先于送风机开启；反之逆序。

（2）备用机组能够自动切换，尤其必须保证排风机的切换连续。

（3）根据总送、排风管道的压力控制空调送风机和排风机的变频，保证房间内的换气次数和压力梯度。正式使用前净化空调系统需进行调试及检测，保证房间压力不超过设计范围且不能有压力反置现象。

（4）送风管道设置定风量阀，保证该区域送风量恒定不变，排风管道上设置变风量阀，调整房间压力梯度。

（5）能够对所有的电动调节阀及电动密闭阀进行控制。

2. 组合式净化空调机组控制

（1）机组风机及备用风机的启停控制，及运行、故障、手自动状态监视，风机压差状态监测。

（2）送、排风机联锁启停控制，变频风机的变频调节及频率反馈。

（3）变频风机变频器故障报警。

（4）根据送风温度自动控制冷/热水控制。

（5）根据送风湿度自动控制干蒸气加湿器的湿度控制。

（6）风道粗效、中效及高效过滤器堵塞报警。

（7）盘管后温度监测。

（8）监测送回风温湿度、压力，监测防火阀状态。

（9）热水盘管后防冻开关报警。

（10）新风进风口及排风口处的电动气密阀开关控制及反馈。

（11）新风门调节及反馈。

（12）所有风管电加热，要求设无风断电、超温断电保护，启停控制及调节加热量，监测运行、手自动状态。

（13）所有浴室送风管道设的电加热器要求设无风断电、超温断电保护，启停控制及调节加热量，监测运行、手自动状态。开关调节可在淋浴间内实现。

（14）高效过滤送排风口配置连续差压监测，并在靠近污染的一侧传感器加装与高效过滤器过滤效率相当的过滤装置。

3. 排风机组

（1）各级过滤器堵塞报警。

（2）变频风机的变频调节及反馈。

（3）风机前后压差监测。

（4）自动控制风机的启停，并监视其运行状态及手自动状态、故障报警。

（5）各实验室排风机与送风机联锁、变频控制，保证室内正压或负压。

4. 高效过滤单元过滤器监视

高效过滤单过滤器每级配压差报警及连续差压监测，高效过滤单过滤器前、后的密闭阀开关控制。

5. 室外温度监测

6. 电力监测系统

（1）变压器出线的电压，电流，功率因数。

（2）变压器高温报警，超高温跳闸报警。

（3）低压配电系统。

（4）出线断路器的开关状态，故障状态。

（5）低压母联断路器的开关状态，故障状态。

7. 给水排水系统

（1）事故水箱的水位高、低限报警。

（2）集水坑水位自动控制，排水泵启停控制。

（3）生活水箱水位监测，生活水泵的启停控制及运行、故障状态监测。

（4）纯水系统、冷却水系统、污水处理系统、给水系统的运行状态及故障状态的监测。

（5）在试验区的淋浴间水管上设置水流开关，控制淋浴时间及给出开门指令。

8. 气体站监测

监测压缩空气机组、气体供给瓶的温度、压力、流量等参数。

9. 热力站监测

（1）监测热力站蒸汽总管的流量、压力、温度。

（2）补水水箱的高、低水位报警。

（3）补水泵的运行、故障、手自动状态、控制泵的启停。

（4）监测采暖机组的运行、故障状态。

10. 房间内监测内容

房间内监测传感器、仪器等设置示例如图 8.4.7.3-2 所示，监测内容如下：

（1）所有有负压要求的房间均监测温湿度、压力（淋浴间仅监测温度、压力）。

（2）监测相对压差，穿透防护屏障的室内压差传感器采样管配备与 HEPA 过滤器过滤效率相当的过滤装置。

（3）在相邻有压差房间门口显示压力值，并当压力梯度超过设定范围时，发出声光报警，各主实验室设置有紧急报警按钮及声光报警装置。

11. 气密门的监测

监测气密门的开关门状态及故障。

12. 其他系统集成监测

（1）生物安全柜监视：监视生物安全柜的运行信号，控制生物安全柜的排风风量并监测风量。

（2）双扉高压灭菌器、UPS 系统、蒸汽计量系统、液氮罐、低温冰箱、离心机、实验室氧分压、中央控制系统应能实时监测、并记录存储相关参数。

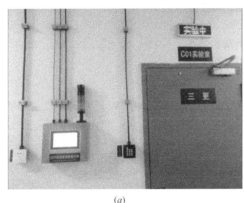 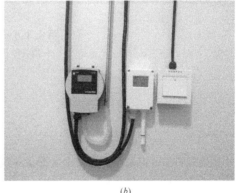

(a) *(b)*

图 8.4.7.3-2　实验室弱电监测控制部分实物图

(a) 实验室门禁、状态显示、参数监测；*(b)* 实验室压力、温度监测

8.4.8　消防设计

本实验室分为 12 个防火分区（见图 8.4.8）：

（1）生物安全实验楼 6 个防火分区，包括空调机房、上技术夹层、下技术夹层、生物安全二级及三级实验室及其辅助区、按四级生物安全实验室预留空间建设的生物安全三级实验室及其辅助区、变配电室及热力站。

（2）动物生物安全实验楼 6 个防火分区，包括空调机房、上技术夹层、下技术夹层、小动物三级生物安全实验室及其辅助区建筑面积、大动物生物安全实验室及其辅助区、动力站及电梯间。辅助区设置消火栓，防护区内按照严重危险级 A 类设置二氧化碳灭火器。

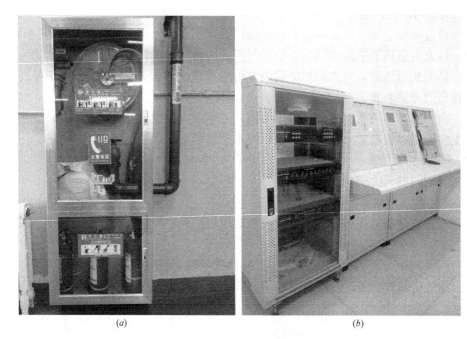

(a)   *(b)*

图 8.4.8　消防实物图

（*a*）消火栓；（*b*）消防主机

本章参考文献

［1］　中国建筑科学研究院. 生物安全实验室建筑技术规范. GB 50346—2011 ［S］. 北京：中国建筑工业出版社，2012.

［2］　中国合格评定国家认可中心. 实验室生物安全通用要求. GB 19489—2008 ［S］. 北京：中国标准出版社，2008.

［3］　中国国家认证认可监管管理委员会. 实验室设备生物安全性能评价技术规范. RB/T 199—2015 ［S］. 北京：中国标准出版社，2016.

［4］　郭荣. 援建塞拉利昂固定生物安全实验室项目设计实践与思考 ［J］. 中国医院建筑与装备，2015，6：82-84.

致　谢

生物安全实验室建筑不同于普通建筑，其建设是一项复杂的系统工程，要综合考虑实验室总体规划、工艺流程、建筑结构、装饰装修、通风空调、给水排水、电气自控等。在这本书编写的过程中，我们查阅大量文献、请教专家，有部分内容引用了他们的研究成果，在参考文献中给出了相关文献，在此表示感谢。

本书的出版得到了中国建筑科学研究院主持的"十三五"国家重点研发计划项目"室内微生物污染源头识别监测和综合控制技术"（编号：2017YFC0702800）的资助，同时也得到了国内生物安全实验室领域权威专家的大力支持，在此一并表示衷心感谢。

本书的研究成果主要来源于国家建筑工程质量监督检验中心净化空调检测部近十年时间，对国内绝大部分生物安全实验室尤其是高等级生物安全实验室设施设备的检测，通过检测和众多领域的专家进行了充分的沟通和交流学习。这里要感谢国家建筑工程质量监督检验中心，更要感谢所有来自科研院所、疾控中心、动物疫控中心、企业的生物安全实验室领导和专家。

本书在编写过程中得到了中国建筑科学研究院净化空调技术中心、中国农业科学院兰州兽医研究所、中国农业科学院哈尔滨兽医研究所等单位的大力支持，提供了很多技术资料和照片，在此一并表示感谢。